◀（附视频）

学钢筋

识图、翻样、计算及施工安装超简单

阳鸿钧　阳育杰　等 编著

U0231111

化学工业出版社
·北京·

内容简介

本书共七章，分别讲述了建筑基础知识，钢筋基础知识，钢筋的识图，钢筋翻样下料、计算与加工，钢筋的连接，钢筋的施工与安装，钢筋的代换与质量验收等知识与技能。另外，还介绍并提供了钢筋相关的数据、参数，以供读者学习、工作时参考速查。本书在编写过程中，考虑到图书内容的实践操作性很强的特点，在讲述的过程中，对关键知识点直接在图上用颜色区分表达，内容实用清晰，同时，对重点难点内容配上视频讲解，具有很强的直观指导价值。

本书可供钢筋工、施工员、监理员、社会自学人员、大中专院校相关专业师生、培训学校相关师生等参考阅读，也可供建设施工单位职工培训、一线技术人员参考使用。

图书在版编目（CIP）数据

学钢筋识图、翻样、计算及施工安装超简单：附视频 / 阳鸿钧
等编著 . —北京：化学工业出版社，2021.6（2024.11重印）
ISBN 978-7-122-38715-8

Ⅰ .①学… Ⅱ .①阳… Ⅲ .①钢筋混凝土结构 - 建筑构
图 - 识图②钢筋混凝土结构 - 结构计算③钢筋混凝土结构 - 混
凝土施工 Ⅳ .① TU375 ② TU755

中国版本图书馆 CIP 数据核字（2021）第 046271 号

责任编辑：彭明兰　　　　　　　　　　　文字编辑：邹宁
责任校对：王鹏飞　　　　　　　　　　　装帧设计：张辉

出版发行：化学工业出版社（北京市东城区青年湖南街 13 号　邮政编码 100011）
印　　装：中煤（北京）印务有限公司
787mm×1092mm　1/16　印张 13$\frac{3}{4}$　字数 331 千字　2024 年 11 月北京第 1 版第 6 次印刷

购书咨询：010-64518888　　　　　　　售后服务：010-64518899
网　　址：http://www.cip.com.cn
凡购买本书，如有缺损质量问题，本社销售中心负责调换。

定　　价：68.00 元　　　　　　　　　　　　　　　　版权所有　违者必究

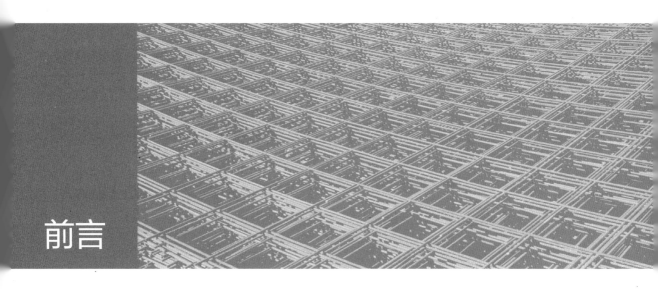

前言

在工程建设中，钢筋工程是主体结构的一个重要的分项工程，在工程投资中，钢筋费用占有较大的比例，对钢筋工程实施有效的管理控制，对于节省工程投资、缩短钢筋工程工期、确保钢筋工程质量，都是非常重要的。在实践中，要想把握好钢筋工程的工期和质量，就必须能看懂钢筋相关图纸、能配料与下料、了解钢筋的连接与代换、会做钢筋的算量及验收，这些都是施工现场技术人员、管理人员及从事钢筋工种相关人员必须掌握的知识点。基于此，本书从以上要点入手，重点讲述钢筋的识读图、下料、翻样、算量及施工安装等内容，希望能通过图解+视频的形式，让读者快速掌握钢筋工种技术要点。

本书内容共有七章，分别讲述了建筑基础知识，钢筋基础知识，钢筋的识图，钢筋翻样下料、计算与加工，钢筋的连接，钢筋的施工与安装，钢筋的代换与质量验收等知识与技能。另外，还介绍并提供了钢筋相关的数据、参数，以供读者学习、工作时参考速查。

本书具有以下几个特点。

（1）全面性、系统性。内容涵盖钢筋工程的基础知识、基本常识，以及识图、下料、翻样、算量、加工、连接、施工安装、代换、验收、数据速查等必备内容。从知识到技能、从理论到一线工况实战，为系统学习、掌握钢筋有关知识、技能提供"一站式服务"，即一本就够、一本就通。

（2）实用性强、适应性广。除了介绍基础、常识、必备知识、必备技能外，还介绍了实用性的"干货"，即一线工况实战经验、规范标准落实的图解精讲。因此，本书可供技术工、管理人员、相关专业师生自学及参考。

（3）图文并茂，双色标注。针对重点、难点、容易忽略的节点、标准规范的要求点，在工地实况图上直接用颜色区分讲解，让读者"身临其境"，阅读起来更方便，更易懂。

（4）视频配套，直观性强。扫书中二维码，可观看本书配套视频，使读者学习起来更轻松、更直观，从而达到"高效学习、快速入行、能够精通、完全胜任"等工地职场与学习进阶的需要。

本书由阳鸿钧、阳育杰、阳许倩、许秋菊、欧小宝、许四一、阳红珍、许满菊、许应菊、唐忠良、许小菊、阳梅开、阳苟妹、唐许静等人员参加编写或支持编写。

本书在编写过程中，参考了一些珍贵的资料、文献、网站，在此向这些资料、文献、网站的作者或者单位深表谢意！本书编写中还参考了有关标准、规范、要求、政策、方法等资料，而这些资料会存在更新、修订的情况。为此，请读者及时跟进最新资料，进行对应调整。

　　另外，本书的编写还得到了一些同行、朋友及有关单位的帮助与支持，在此，向他们表示衷心的感谢！

　　由于时间有限，书中难免存在不足之处，敬请广大读者批评、指正。

编著者

2021 年 3 月

目录

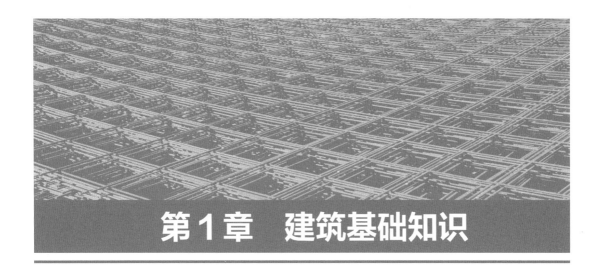

第1章 建筑基础知识

1.1 建筑的类型、设计使用年限与分类依据

1.1.1 建筑的类型

建筑物是人类建造活动的成果。房屋建筑是在固定地点建造的为使用者或占用物提供庇护覆盖、进行生产生活等活动的场所。房屋建筑，有时也简称为建筑。

工业与民用建筑，简称工民建。其中，民用建筑是非生产性的居住建筑、公共建筑。民用建筑包括住宅、办公楼、幼儿园、学校、商店、体育馆、食堂、影剧院、旅馆、医院、展览馆等。工业建筑是指供人民从事各类生产活动与储存的建筑物、构筑物。工业建筑包括生产厂房、动力用厂房、储存用房屋、运输用房屋等。

建筑的类型

建筑的类别如图 1-1 所示。

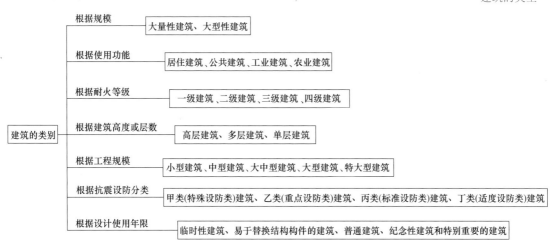

图 1-1　建筑的类别

民用建筑的类型如图 1-2 所示。其中，居住建筑可以分为住宅建筑、宿舍建筑。

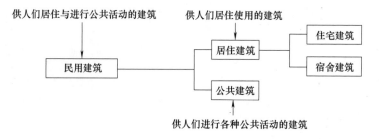

图 1-2　民用建筑的类型

房屋建筑工程包括的分部工程如图 1-3 所示。其中，钢筋混凝土工程是其重要的一项分部工程。

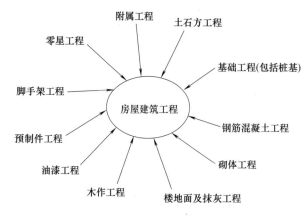

图 1-3　房屋建筑工程包括的分部工程

1.1.2　建筑的设计使用年限

建筑结构设计使用年限又叫作服务期、服役期等，是指在设计时考虑施工完成合格后正常使用、正常维护情况下不需要大修即可完成预定功能要求的使用年限。常见建筑的设计使用年限见表 1-1。

表 1-1　常见建筑的设计使用年限

类型	设计使用年限 / 年
临时性建筑	5
易于替换结构构件的建筑	25
普通建筑和构筑物	50
纪念性建筑与特别重要的建筑	100

不同设计使用年限的建筑采用的结构不同。目前，大多数建筑采用的是钢筋混凝土结构。一般钢筋混凝土结构的设计使用年限为 50 年。一类环境中，也有设计使用年限为 100 年的钢筋混凝土结构。

干货与提示

　　一类环境中，设计使用年限为 100 年的结构混凝土应符合的规定：钢筋混凝土结构的最低混凝土强度等级为 C30；预应力混凝土结构的最低混凝土强度等级为 C40。

1.1.3　民用建筑高度或层数的分类依据

　　民用建筑根据地上建筑高度的分类如图 1-4 所示。

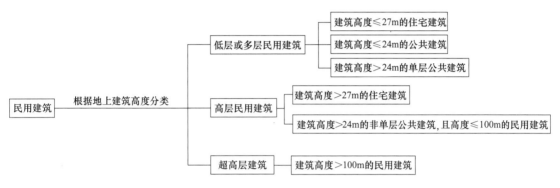

图 1-4　民用建筑根据地上建筑高度的分类

　　低层房屋建筑一般为 1~3 层，多层房屋建筑一般为 4~6 层，它们以前一般采用砖混结构，少数采用钢筋混凝土结构。目前，低层、多层房屋建筑多倾向采用钢筋混凝土结构。

　　中高层住宅建筑一般为 7 ~ 9 层，高层住宅建筑一般为 10 层及以上，它们基本上采用钢筋混凝土结构。

　　钢筋混凝土结构的主要承重结构采用的材料为钢筋和混凝土。

1.2　民用建筑的结构

1.2.1　建筑结构安全等级

　　建筑结构是能够承受、传递作用，具有适当刚度的由各连接部件组合而成的整体，它也是建筑的承重骨架。如果对组成建筑结构的构件、部件的含义不会混淆时，也可以统称为结构。建筑结构实例如图 1-5 所示。

　　建筑结构单元，就是指房屋建筑结构中，由伸缩缝、沉降缝或防震缝隔开的区段。

　　工程结构是房屋建筑、铁路、公路、水运、水利水电等各类土木工程的建筑物结构的总称。

　　结构设计是指为了实现建筑物的设计要求，以及满足对结构的安全性、适用性、耐久性等结构可靠性要求，根据既定条件、有关设计标准的规定进行的结构选型、材料选择、分析计算、构造配置、制图等工作的总称。

图 1-5　建筑结构实例

结构安全等级是指工程结构设计时，根据结构破坏可能产生的危及人的生命、造成经济损失、对社会或环境产生影响等后果的严重性所规定的结构等级。

建筑结构安全等级的划分如图 1-6 所示。建筑物中各类结构构件的安全等级宜与整个结构的安全等级相同，规范允许对其中部分结构构件采用不同的安全等级，但是不得低于三级。

为了保证建筑的安全，建筑结构的选择非常重要。砖混结构适合开间进深较小、房间面积小的多层或低层建筑。钢筋混凝土结构适合小、中、大型相应结构的建筑。钢结构适用于建造大跨度与超高、超重型的建筑物。型钢混凝土组合结构可以应用于大型结构中，力求截面最小化，承载力最大，可用于需节约空间的建筑。

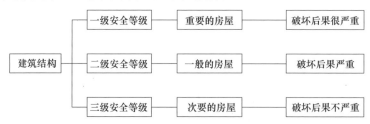

图 1-6　建筑结构安全等级的划分

1.2.2　建筑结构的重要性系数

建筑结构的重要性系数见表 1-2。

表 1-2　建筑结构的重要性系数

结构或构件类型	建筑结构的重要性系数要求
安全等级为二级或设计使用年限为 50 年的结构构件	不应小于 1
安全等级为三级或设计使用年限为 5 年的结构构件	不应小于 0.9
安全等级为一级或设计使用年限为 100 年及以上的结构构件	不应小于 1.1

续表

结构或构件类型	建筑结构的重要性系数要求
对承载能力极限状态，当预应力作为荷载效应参与组合时，预应力效应项的结构	通常取 1
建筑地基基础结构	不应小于 1
设计使用年限为 25 年的结构构件	不应小于 0.95（综合考虑材料的性能确定结构重要性系数）

1.2.3　建筑结构的类型与构件

1.2.3.1　建筑结构的类型

建筑结构的类型与构件

建筑结构设计，一般要求根据建筑功能、建筑高度、抗震设防类别、抗震设防烈度、材料性能、场地条件、地基、施工等因素，经技术经济与适用条件综合比较，选择安全可靠、经济合理的建筑结构体系。

常见的建筑结构如下。

（1）木结构　以木材为主要材料建成的结构。木结构又分为原木结构、方木结构、胶合木结构等。

（2）砌体结构　由块体、砂浆砌筑而成的墙、柱作为建筑物主要受力构件的结构。砌体结构是砖砌体、砌块砌体、石砌体、配筋砌体结构的统称。

（3）钢结构　以钢材为主要材料制成的结构。钢结构又分为冷弯型钢结构、预应力钢结构。

（4）混凝土结构（旧亦称砼结构）　以混凝土为主要材料建成的结构。混凝土结构包括素混凝土结构、钢筋混凝土结构、预应力混凝土结构等。

（5）砖混结构　由砖、石、砌块砌体为竖向承重构件，并与钢筋混凝土或预应力混凝土楼盖、屋盖所组成的房屋建筑结构。

（6）墙板结构　由竖向构件为墙体、水平构件为楼板与屋面板所组成的房屋建筑结构。

（7）板柱结构　由水平构件为板、竖向构件为柱所组成的房屋建筑结构。

（8）框架结构　由梁、柱以刚接或铰接相连接成承重体系的房屋建筑结构。

（9）剪力墙结构　由剪力墙组成的能承受竖向、水平作用的结构。

（10）框架 - 剪力墙结构　由框架、剪力墙共同承受竖向与水平作用的结构。

（11）板柱 - 剪力墙结构　由无梁楼板、柱组成的板柱框架与剪力墙共同承受竖向、水平作用的结构。

（12）框架 - 支撑结构　由框架、支撑共同承受竖向、水平作用的结构。

建筑结构要在满足使用功能、建筑造型要求的基础上布置结构竖向构件、水平构件，使建筑成为一个整体的空间结构体系，并且能够抵抗竖向力和水平力。竖向力主要由建筑物的自重（永久荷载）与其他竖向可变荷载组成。水平荷载主要由风荷载、地震作用等组成。

常见的建筑结构构件有柱、墙、梁、板等。结构构件就是指结构在物理上可以区分出的部分。部件，就是指结构中由若干构件组成的具有一定功能的组合件，例如楼梯、屋盖、阳台等。

常见的结构构件、部件见表 1-3。

表 1-3　常见的结构构件、部件

名称	解　说
梁	（1）梁是由支座支承的直线或曲线形的构件； （2）梁主要承受各种作用产生的弯矩、剪力，有时也承受扭矩
拱	（1）拱是由支座支承的曲线或折线形的构件； （2）拱主要承受各种作用产生的轴向压力，有时也承受弯矩、剪力或扭矩
板	（1）板是由支座支承的平面尺寸大而厚度相对较小的一种平面构件； （2）板主要承受各种作用产生的弯矩、剪力
柱	（1）柱是竖向成直线的一种构件； （2）柱主要承受各种作用产生的轴向压力，有时也承受弯矩、剪力或扭矩
墙	墙是竖向成平面或曲面的一种构件
桁架	（1）桁架是由若干杆件构成的一种平面或空间的格架式结构或构件； （2）桁架各杆件主要承受各种作用产生的轴向力，有时也承受节点弯矩、剪力
框架	框架是由梁、柱连接构成的一种平面型或空间型、单层或多层的结构
排架	排架是由梁或桁架和柱铰接而成的单层框架
刚架	刚架是由梁、柱刚接构成的框架
桩	桩是沉入、打入或浇筑于地基中的柱状承载构件。桩有木桩、钢桩、混凝土桩等类型
板桩	板桩是并排打入土中形成横截面形似板状的一种墙式支护构件。板桩有钢板桩、钢筋混凝土板桩等类型

常见的建筑结构如图 1-7 所示。

图 1-7　常见的建筑结构图例

止水

1.2.3.2　建筑结构的构件

（1）预埋件　预先埋置在混凝土结构构件中，用于结构构件间相互连接、传力的一种连接件。

（2）止水　在建筑物各相邻部分或分段接缝间设置的用以防止接缝渗漏的一种设施。

（3）无筋砌体构件 由砖砌体、石砌体或砌块砌体制成的构件。

（4）配筋砌体构件 由配置了受力的钢筋或钢筋网的砖砌体、石砌体、砌块砌体制成的承重构件。

钢筋混凝土中，这些常见结构构件往往需要配筋。配筋是为了增加构件混凝土承载力而在其中设置钢筋以及进行的相关设计、加工、配置等的作业过程。

结构或构件的承载力见表1-4。

表1-4 结构或构件的承载力

名称	概　念
极限承载能力	结构或构件所能承受的最大内力，或达到不适于继续承载的变形时的内力
疲劳极限承载能力	结构构件在规定的作用重复次数和作用幅度下所能承受的最大重复作用
受剪极限承载能力	构件所能承受的最大剪力，或达到不适于继续承载的变形时的剪力
受拉极限承载能力	构件所能承受的最大轴向拉力，或达到不适于继续承载的变形时的轴向拉力
受扭极限承载能力	构件所能承受的最大扭矩，或达到不适于继续承载的变形时的扭矩
受弯极限承载能力	构件所能承受的最大弯矩，或达到不适于继续承载的变形时的弯矩
受压极限承载能力	构件所能承受的最大轴向压力，或达到不适于继续承载的变形时的轴向压力

1.2.4 建筑常用结构体系的选择

正常使用条件下，高层建筑结构需要具有足够的刚度，避免产生过大的位移而影响结构的承载力、稳定性、使用要求。为此，需要正确选择建筑的结构体系。

常用结构体系的适用范围见表1-5～表1-8。

表1-5 多层砌体房屋的最大适用层数和高度

房屋类型			底部框架-剪力墙	多层砖房			
				240mm 普通砖	240mm 多孔砖	190mm 多孔砖	小砌块
最小墙厚 /mm			240	240	240	190	190
最大适用层数和高度	非抗震	层数	≤ 7	≤ 8			
		高度 /m	≤ 22	≤ 24			
	抗震	层数	≤ 7	≤ 7	≤ 7	≤ 7	≤ 7
		高度 /m	≤ 22	≤ 21	≤ 21	≤ 21	≤ 21
适宜的高宽比			≤ 2.5				

注：190 多孔砖、小砌块和底部框架 - 剪力墙结构不应用于 9 度区。

表1-6 高层混凝土结构体系的适用范围

结构体系		框架	框架 - 剪力墙	板柱 - 剪力墙	剪力墙		框架 - 核心筒	筒中筒
					全部落地	部分框支		
适用高度 /m	非抗震	≤ 70	≤ 140	≤ 100	≤ 150	≤ 130	≤ 160	≤ 200
	抗震	≤ 60	≤ 130	≤ 80	≤ 140	≤ 120	≤ 150	≤ 180
适宜的高宽比	非抗震	≤ 5	≤ 5	≤ 5	≤ 6			
	抗震	≤ 4		≤ 4				

注：设防烈度为 9 度的建筑不应采用带错层的框架 - 剪力墙结构。

7

表 1-7 高层钢结构体系的适用范围

结构体系		钢框架	钢框架 - 中心支撑	钢框架 - 偏心支撑（延性墙板）	各类筒体
最大适用高度 /m	非抗震	≤ 110	≤ 260	≤ 260	≤ 360
	抗震	≤ 110	≤ 220	≤ 240	≤ 300
适宜的高宽比	非抗震	≤ 5	≤ 6	≤ 6	≤ 6.5
	抗震	≤ 5	≤ 6	≤ 6	≤ 6

注：表中各类筒体包括框筒、筒中筒、桁架筒、束筒等。

表 1-8 高层钢 - 混凝土混合结构体系的适用范围

结构体系		混合框架结构	钢框架 - 钢筋混凝土剪力墙	型钢混凝土框架 - 钢筋混凝土剪力墙	钢（型钢混凝土）框筒 - 钢筋混凝土核心筒	钢（型钢混凝土）框架 - 钢筋混凝土核心筒	
						双重抗侧力体系	非双重抗侧力体系
最大适用高度 /m	非抗震	≤ 60	≤ 160	≤ 180	≤ 280	≤ 210（240）	≤ 160
	抗震	≤ 55	≤ 150	≤ 170	≤ 260	≤ 200（220）	≤ 120

注：表中混合框架结构包括钢梁 - 钢骨（钢管）混凝土柱、钢骨混凝土梁 - 钢骨混凝土柱、钢梁 - 钢筋混凝土柱。

干货与提示

为了减少温度、收缩产生的内力对建筑结构受力的不利影响，当建筑物较长时，框 - 剪结构中刚度较大的剪力墙不宜布置在建筑物纵向的两端。

1.2.5 建筑结构的荷载

建筑结构荷载有永久荷载、可变荷载、偶然荷载等类型，它们的特点如下。

1.2.5.1 建筑的永久荷载

在结构使用期间，建筑的永久荷载值不随时间变化，或其变化与平均值相比可以忽略不计，或者其变化是单调的并能够趋于限值。建筑的永久荷载，也就是其恒载，或称恒荷载。

永久荷载包括结构自重、土压力、预应力等。结构自重的标准值可以根据结构构件的设计尺寸与材料单位体积的自重计算来确定。一般材料、构件的单位自重，可取其平均值。自重变异较大的材料、构件，自重的标准值需要根据对结构的不利或有利状态，分别取上限值或下限值。

建筑结构方案设计时，可参考如图 1-8 所示的单位楼层面积的平均结构参考自重标准值估算结构总自重标准值、竖向构件承受的结构自重标准值。

1.2.5.2 建筑的可变荷载

在结构使用期间，建筑的可变荷载值随时间变化，并且其变化与平均值相比不可忽略不计。可变荷载包括屋面活荷载、积灰荷载、楼面活荷载、风荷载、吊车荷载、雪荷载、温度作用等。

建筑的可变荷载，也称活载、活荷载。

1.2.5.3 建筑的偶然荷载

建筑的偶然荷载是在结构设计使用年限内不一定出现，而一旦出现，其量值很大，并且持续时间

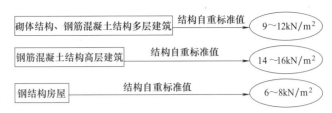

图1-8 单位楼层面积的平均结构参考自重标准值

很短的一类荷载。偶然荷载包括爆炸力、撞击力等。当采用偶然荷载作为结构设计的主导荷载时，在允许结构出现局部构件破坏的情况下，需要保证结构不致因偶然荷载引起连续倒塌。

建筑的偶然荷载，也称特殊荷载。

1.2.5.4 建筑结构荷载的其他分类

根据结构的反应来分，荷载分为静态作用（静力作用）荷载、动态作用（动力作用）荷载。根据荷载作用方向来分，荷载分为水平荷载、垂直荷载等。

1.3 钢筋混凝土结构

1.3.1 钢筋混凝土结构的相关知识

混凝土结构

混凝土结构就是以混凝土为主要材料制成的结构，包括素混凝土结构、钢筋混凝土结构、预应力混凝土结构。根据施工方法，混凝土结构可以分为现浇混凝土结构、装配式混凝土结构（如图1-9所示）。

现浇混凝土结构
现浇混凝土结构，就是在现场原位支模、整体浇筑而成的混凝土结构，简称为现浇结构

图1-9

装配式混凝土结构

装配式混凝土结构，就是由预制混凝土构件或部件装配、连接而成的混凝土结构，简称为装配式结构

图 1-9　混凝土结构

素混凝土结构即无筋或不配置受力钢筋的混凝土结构。钢筋混凝土结构即配置受力普通钢筋的混凝土结构。预应力混凝土结构即配置受力的预应力筋，通过张拉或其他方法建立预加应力的混凝土结构。

普通钢筋是指用于混凝土结构构件中的各种非预应力筋的总称。预应力筋是指用于混凝土结构构件中施加预应力的钢丝、钢绞线、预应力螺纹钢筋等的总称。

常见混凝土结构的类型见表 1-9。

表 1-9　常见混凝土结构的类型

名称	解　说
现浇混凝土结构	现浇混凝土结构即在现场原位支模并且整体浇筑而成的混凝土结构
装配式混凝土结构	装配式混凝土结构即由预制混凝土构件或部件装配、连接而成的一种混凝土结构
装配整体式混凝土结构	装配整体式混凝土结构是由预制混凝土构件或部件通过钢筋、连接件或施加预应力加以连接，并且在连接部位浇筑混凝土而形成整体受力的混凝土结构
先张法预应力混凝土结构	先张法预应力混凝土结构是在台座上张拉预应力筋后浇筑混凝土，当混凝土达到规定的强度后，放松并切断钢筋而实现预应力的混凝土结构
后张法预应力混凝土结构	后张法预应力混凝土结构是浇筑混凝土并达到规定强度后，通过张拉预应力筋并且在结构上锚固而建立预应力的混凝土结构
无黏结预应力混凝土结构	无黏结预应力混凝土结构是配置与混凝土间可保持相对滑动的无黏结预应力筋的后张法预应力混凝土结构
有黏结预应力混凝土结构	有黏结预应力混凝土结构是通过灌浆或与混凝土直接接触使预应力筋与混凝土间相互黏结而建立预应力的混凝土结构

混凝土结构中还有其他构件，常见的如下。

（1）叠合构件　由预制混凝土构件（或既有混凝土结构构件）和后浇混凝土组成，以两阶段成型的整体受力结构构件。

（2）深受弯构件　跨高比小于 5 的受弯构件。

混凝土结构中的配筋率，即混凝土构件中配置的钢筋面积（或体积）与规定的混凝土截面面积（或体积）的比值。

1.3.2　钢筋混凝土结构体系

结构体系就是指结构中的所有承重构件及其共同工作的方式。目前国内民用建筑中常用的多层、高层钢筋混凝土结构体系主要有框架结构、剪力墙结构、框架 - 剪力墙结构、筒体结构、板柱结构、异型柱结构等。

高层钢筋混凝土结构的最大适用高度与高宽比分为 A 级、B 级。A 级高度是各结构体系比较合适的房屋高度。B 级高度高层建筑其受力、变形、整体稳定、承载能力等要求更高，所以其结构的抗震等级、有关计算、构造措施等要求更加严格。

A 级高度乙类与丙类钢筋混凝土高层建筑的最大适用高度需符合表 1-10 的规定。

表 1-10　A 级高度乙类和丙类钢筋混凝土高层建筑的最大适用高度　　　　单位：m

结构体系		抗震设防烈度					非抗震设计
		6 度	7 度	8 度（0.2g）	8 度（0.3g）	9 度	
剪力墙	全部落地剪力墙	140	120	100	80	60	150
	部分框支剪力墙	120	100	80	50	不应采用	130
筒体	框架 - 核心筒	150	130	100	90	70	160
	筒中筒	180	150	120	100	80	200
框架		60	50	40	35	24	70
框架 - 剪力墙		130	120	100	80	50	140

注：1. 7 度、8 度抗震设计时，剪力墙结构错层高层结构建筑房屋高度分别不宜大于 80m、60m；框架 - 剪力墙结构错层高层建筑房屋高度分别不应大于 80m、60m。
2. 表中不含异型柱结构。
3. 房屋高度超过本表时，结构设计需要有可靠依据，并且采取有效措施。
4. 框架 - 核心筒结构是指周边稀柱框架与核心筒组成的结构。

高层建筑的高宽比为房屋的高度 H 与建筑平面宽度 B 之比。房屋的高度 H，对不带裙房的塔楼，也就是其地面以上的高度（不计凸出屋面的机房、水池、塔架等）。对带有裙房的高层建筑，当裙房的面积超过其上部塔楼面积的 2.5 倍、刚度超过其上部塔楼面积的 2 倍时，则可以取裙房以上部分的高度作为计算高宽比时房屋的高度 H。

房屋的宽度 B，一般矩形平面根据所考虑方向的最小投影宽度计算高宽比，对凸出建筑物平面很小的局部结构（例如楼梯间、电梯间等），一般不作为建筑物的计算宽度。

高层建筑结构高宽比的规定，是对结构整体刚度、整体稳定性、抗倾覆能力、承载能力、经济合理性的宏观控制指标。

A 级高度钢筋混凝土高层建筑结构房屋的高宽比不宜超过表 1-11 的数值。

表 1-11　A 级高度钢筋混凝土高层建筑结构房屋的最大高宽比

结构体系	抗震设防烈度			非抗震设计
	6、7 度	8 度	9 度	
框架、板柱 - 剪力墙	4	3	2	5
框架 - 剪力墙	5	4	3	5
剪力墙	6	5	4	6
筒中筒、框架 - 核心筒	6	5	4	6

1.3.3　钢筋混凝土结构的结构缝

结构缝包括伸缩缝、沉降缝、防震缝。结构缝的设置，一般需要根据建筑结构平面、竖向布置的情况，地基情况，基础类型，结构刚度，抗震要求，荷载作用的差异等条件综合考虑来确定。

钢筋混凝土结构伸缩缝的最大间距需要符合表 1-12 的规定。

表 1-12 钢筋混凝土结构伸缩缝的最大间距   单位：m

结构类别		露天	室内或土中
框架结构	装配式	50	75
	现浇式	35	55
剪力墙结构	装配式	40	65
	现浇式	30	45
挡土墙、地下室墙壁等结构	装配式	30	40
	现浇式	20	30

（1）伸缩缝 是为了减轻材料胀缩变形对建筑物的不利影响而在建筑物中预先设置的间隙。

钢筋混凝土结构的楼盖结构

（2）沉降缝 是为了减轻或消除地基不均匀变形对建筑物的不利影响而在建筑物中预先设置的间隙。

（3）防震缝 是为了减轻或防止由地震作用引起相邻结构单元间的碰撞而预先设置的间隙。

1.3.4 钢筋混凝土结构的楼盖结构

楼盖结构是一种板系结构。板系结构是以连续体平面板件作为基本计算单元的结构体系的总称。板系结构包括平板、折板等类型。

屋盖是在房屋顶部，用以承受各种屋面作用的由屋面板、檩条、屋面梁、屋架、支撑系统组成的部件，或者是以拱、网架、薄壳、悬索等大跨空间构件与支撑边缘构件所组成的部件的总称。屋盖分为平屋盖、坡屋盖、拱形屋盖等。

楼盖是在房屋楼层间用以承受各种楼面作用的由楼板、次梁、主梁等所组成的部件的总称。其中，楼板是直接承受楼面荷载的板。次梁是将楼面荷载传递到主梁上的梁。主梁是将楼盖荷载传递到柱、墙上的梁。

钢筋混凝土结构常用的楼盖结构的类型如图 1-10 所示。在竖向荷载的作用下，楼盖、屋盖需要有足够的承载能力、平面外刚度等要求。在水平荷载作用下，楼盖、屋盖需要有足够的平面内刚度，能够可靠地传递水平力，并且使楼盖、屋盖具有良好的整体性。

房屋建筑往往需要尽可能减轻楼盖的自重。楼盖结构的混凝土强度等级，可以根据计算来确定，但是要求不应低于 C20，不宜高于 C40。

混凝土的强度常采用符号 C 与立方体抗压强度标准值来表示。普通混凝土强度等级有 C15、C20、C25、C30、C35、C40、C45、C50、C55、C60、C65、C70、C75、C80 等。混凝土强度等级表示中的数字越大，表示其抗压强度越高。

有抗震设防要求的多层、高层的混凝土楼盖、屋盖，宜优先采用现浇混凝土板。如果采用混凝土预制装配式楼盖、屋盖时，需要从楼盖体系、构造上采取措施确保各预制板间连接的整体性。

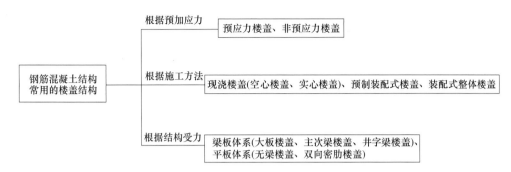

图 1-10　钢筋混凝土结构常用的楼盖结构的类型

楼盖结构选型可以根据表 1-13 来参考确定。

表 1-13　楼盖结构选型参考

结构体系	房屋高度	
	≤ 50m	>50m
框架 - 剪力墙结构	现浇（宜）、装配整体式（可）	现浇（应）
板柱 - 剪力墙结构	现浇（应）	现浇（应）
筒体结构	现浇（应）	现浇（应）
框架结构	现浇（宜）、装配整体式（可）	现浇（宜）
剪力墙结构	现浇（宜）、装配整体式（可）	现浇（宜）

钢筋混凝土结构梁截面高度（h）的估算见表 1-14。预应力梁截面高度与跨度的比值（h/l）见表 1-15。

表 1-14　钢筋混凝土结构梁截面高度（h）的估算　　　　　单位：m

梁的种类		梁截面高度	常用跨度 /m	适用范围	备注
悬臂梁		$l/7 \sim l/5$	≤ 4	—	
井字梁		$l/20 \sim l/15$	≤ 15	长宽比小于 1.5 的楼屋盖	梁距小于 3.6m 且周边应有边梁
框支梁		$l/8 \sim l/6$	≤ 9	框支剪力墙结构	—
现浇整体楼盖	普通主梁	$l/18 \sim l/10$	≤ 9	民用建筑框架结构、框 - 剪结构、框 - 筒结构	—
	框架扁梁	$l/22 \sim l/16$			
	次梁	$l/20 \sim l/12$			
独立梁	简支梁	$l/12 \sim l/8$	≤ 12	混合结构	—
	连续梁	$l/15 \sim l/12$			

注：l 为梁的计算跨度。

组合楼盖是由钢筋混凝土楼板或压型钢板楼板与型钢梁或板件组合的型钢梁组成的楼盖。

结构中的支座是力的传递路径，一般筏板、基础梁是柱、墙的支座。柱是梁的支座；梁是板的支座，如图 1-11 所示。

表 1-15　预应力梁截面高度与跨度的比值（ h/l ）

分类	梁截面高跨比	分类	梁截面高跨比
井字梁	l/25 ～ l/20	框架扁梁	l/30 ～ l/18
框架梁	l/20 ～ l/15	简支梁	l/20 ～ l/13
简支扁梁	l/25 ～ l/15	连续梁	l/25 ～ l/20
连续扁梁	l/30 ～ l/20	单向密肋梁	l/25 ～ l/20

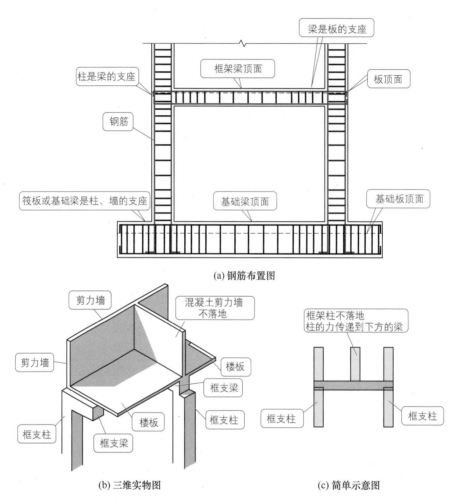

(a) 钢筋布置图

(b) 三维实物图　　　(c) 简单示意图

图 1-11　结构与结构中的支座

1.4　建筑常见构件与材料

1.4.1　楼板

单向板、双向板按弯曲方向的区分如图 1-12 所示。单向板，也叫作两边支承板。两边

支承板是两边有支座反力的板，一般仅分析一个
方向的内力和变形。双向板也叫作四边支承板。
四边支承板是四边有支座反力的板，一般要分析
两个方向的内力和变形。从板受力上来看，双向
板是沿着板的两个方向将力传递给四边支撑的，
直接把弯矩分配给板的两个方向的钢筋。

图 1-12　单向板、双向板按弯曲方向的区分

　　楼板单向板和双向板可按板的长边与短边之比来区分。四边支承的长方形的板，如果
长跨与短跨长度相差不大，其比值≤2 时则为双向板。单向板长跨方向的弯矩可以忽略不
计，板上荷载近似认为只沿短跨方向传递给长边，也就是两对边支承的板为单向板。

　　楼板单向板与双向板的判断图解如图 1-13 所示。

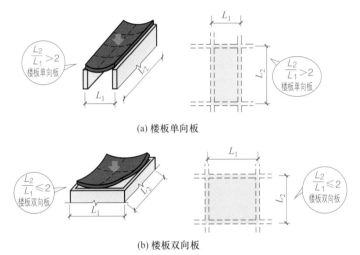

(a) 楼板单向板

(b) 楼板双向板

图 1-13　楼板单向板与双向板的判断图解

1.4.2　梁

　　梁是由支座支承，承受的外力
以横向力、剪力为主（有时也承受
扭矩），以弯曲为主要变形的一种构件。梁一般水
平放置，并且用来支撑板以及承受板传来的各种竖
向荷载和梁的自重。梁与板常共同组成建筑的楼面、
屋面结构。梁如图 1-14 所示。

　　多数梁的方向与建筑物的横断面一致。根据梁
的具体位置、详细形状、具体作用等的不同，梁具
有不同的名称。梁的分类如图 1-15 所示。

　　常见梁的特点如下。

1.4.2.1　悬臂梁

　　悬臂梁是从主体结构延伸出来，一端连接主
体，一端没有支承的竖向受力悬臂建筑构件。也就
是说，悬臂梁不是两端都有支承的。目前，悬臂梁

图 1-14　梁

一般为钢筋混凝土材质。悬臂梁如图 1-16 所示。

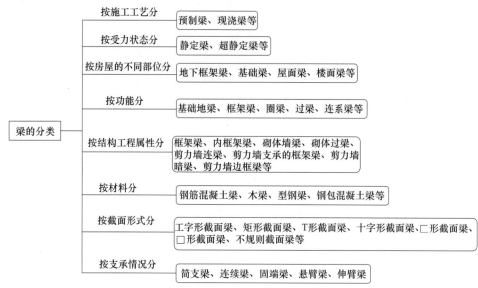

图 1-15 梁的分类

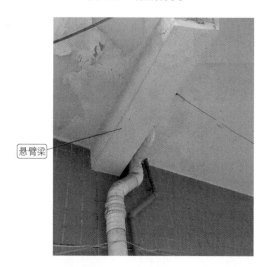

图 1-16 悬臂梁

悬臂梁与挑梁含义基本一样，挑梁属于民间习惯用语。悬臂梁一般用 XL 表示。

干货与提示

挑梁只有一端有支座，如同伸直的手臂。挑梁可以分为弹性挑梁、刚性挑梁等种类。两端固定梁，其两端均为不产生位移和转动的固定支座。连续梁是具有三个或三个以上支座的梁。

1.4.2.2 简支梁

简支梁的两端搁置在支座上，支座只约束梁的垂直位移，梁端可以自由转动。简支梁是不提供转角约束的支承结构。

1.4.2.3 伸臂梁

伸臂梁即为由两个支座支承，从两端悬挑的梁。

几种梁的比较如图 1-17 所示。

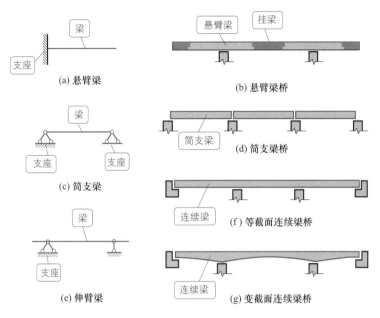

图 1-17 几种梁的比较

1.4.2.4 地梁

地梁也叫作地圈梁、基础梁、地基梁。地梁，简单地讲就是基础上的梁、地基上的梁。地梁常用 DL 表示。

地梁一般用于框架结构、框-剪结构中。框架柱一般会落在地梁或地梁交叉的地方。地梁与构造柱共同组成抗震限裂体系，可以达到减缓不均匀沉降的作用。构造柱的主要作用是支承上部结构，并且将上部结构的荷载传递到地基上。

地梁有时兼作底层填充墙的承托梁。

1.4.2.5 圈梁

为了防止地基的不均匀沉降或较大振动荷载等对房屋的不利影响，在墙体中设置钢筋混凝土圈梁或钢筋砖圈梁，以增强砖石结构房屋的整体刚度。圈梁的道数，一般根据房屋的结构与构造情况来确定。圈梁一般设置在基础墙、檐口和楼板。有的电缆井、箱式基础也设置了圈梁，以便增强电缆井的稳固性与整体性。圈梁的部分要求如图 1-18 所示。

圈梁在纵横墙交接处需要有可靠的连接，尤其是在房屋转角、墙丁字交叉的位置。

刚弹性、弹性方案房屋，圈梁需要保证与屋架、大梁等构件的可靠连接。

钢筋混凝土圈梁的宽度宜与墙厚相同。当墙厚 $h \geqslant 240mm$ 时，圈梁宽度不宜小于 $\frac{2}{3}h$。圈梁高度不得小于 120mm，圈梁现浇混凝土强度等级不应低于 C20。

采用现浇楼盖的多层砌体结构房屋，当层数超过 5 层时，在根据相关标准在隔层设置现浇钢筋混凝土圈梁时，应将梁板与圈梁一起现浇。未设置圈梁的楼面板嵌入墙内的长度不应小于 120mm，其厚度宜根据所采用的块体模数而确定。

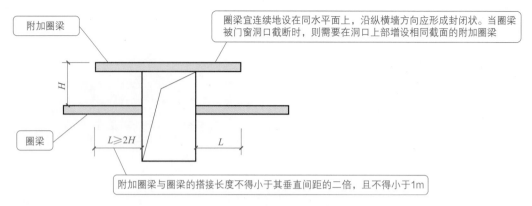

图 1-18　圈梁的部分要求

　　在房屋建筑基础上部的连续钢筋混凝土梁叫作基础圈梁，也叫作地圈梁。墙体上部紧挨楼板的钢筋混凝土梁叫作上圈梁。砌体结构中，圈梁可分为钢筋砖圈梁、钢筋混凝土圈梁等类型。

1.4.2.6　常见梁的特点

　　常见梁的特点见表 1-16。

表 1-16　常见梁的特点

名称	特点
暗梁	（1）暗梁，一般用 AL 表示。 （2）暗梁完全隐藏在板类构件或混凝土墙类构件中。 （3）暗梁总是配合板或者墙类构件共同工作
边框梁	边框梁，一般用 BKL 表示。框架梁伸入剪力墙区域就变成边框梁
变截面梁	变截面梁是沿杆件纵轴方向横截面尺寸变化的梁
次梁	（1）次梁主要在主梁的上部，主要起传递荷载的作用。 （2）框架结构中，两端支承在主梁上的梁叫作次梁
等截面梁	等截面梁分为矩形梁、T 形梁、I 形梁、倒 T 形梁、扁形梁等种类，是沿杆件纵轴方向横截面尺寸不变的梁
吊车梁	吊车梁是承受吊车轮压所产生的竖向荷载和纵向、横向水平荷载以及考虑疲劳影响的梁
叠合梁	叠合梁是截面由同一材料若干部分重叠而成为整体的梁
刚性支座连续梁	刚性支座连续梁为计算中不考虑支座竖向位移的连续梁
冠梁	（1）冠梁一般用 GL 表示。 （2）冠梁是设置在基坑周边支护（围护）结构顶部的钢筋混凝土连续梁。 （3）冠梁的主要作用是把所有的桩基连到一起，防止基坑（竖井）顶部边缘产生坍塌，以及通过牛腿承担钢支撑（或钢筋混凝土支撑）的水平挤靠力与竖向剪力
过梁	（1）过梁，一般用 GL 表示。 （2）墙体上开设门窗洞口时，为了支撑洞口上部砌体所传来的各种荷载，并且将这些荷载传给窗间墙，常在门窗洞口上设置横梁，该横梁叫作过梁。过梁也就是设置在门窗或孔洞顶部，用以传递其上部荷载的梁

续表

名称	特　　点
井式梁	（1）井式梁，一般用 JSL 表示，又叫作格形梁、交叉梁、井字梁。 （2）井式梁不分主次，高度相当、同位相交、呈井字形。 （3）井式梁一般用于楼板是正方形或者长宽比小于 1.5 的矩形楼板。 （4）井式梁是由同一平面内相互正交或斜交的梁所组成的结构构件
框架梁	（1）框架梁，一般用 KL 表示。 （2）框架梁是指两端与框架柱相连的梁，或者两端与剪力墙相连但是其跨高比不小于 5 的梁。 （3）框架梁可以分为楼层框架梁（KL）、屋面框架梁（WKL）、地下框架梁（DKL）等
框支梁	（1）框支梁，一般用 KZL 表示。 （2）当布置的转换梁支撑上部的剪力墙时，转换梁叫框支梁。支撑框支梁的柱子则叫作框支柱
拉梁	拉梁是指在独立基础系统中，在基础之间设置的梁
连梁	（1）连梁，一般用 LL 表示。 （2）连梁是指两端与剪力墙相连并且跨高比小于 5 的梁
平台梁	（1）平台梁是指通常在楼梯段与平台相连位置设置的梁。 （2）平台梁支承上下楼梯与平台板传来的荷载
深梁	深梁就是跨高比小于 2 的简支单跨梁，或者跨高比小于 2.5 的多跨连续梁
弹性地基梁	弹性地基梁是在计算中支座为连续的，并且需要考虑支座竖向位移的基础梁。一般根据地基压应力按与地基沉降成正比的假设进行计算
弹性支座连续梁	计算中需要考虑支座竖向位移的连续梁
主梁	框架结构中，两端支承在柱上的梁叫作主梁

干货与提示

　　梁的截面高度往往取决于梁的跨度，一般截面高度是跨度的 1/12 ～ 1/10，梁截面宽度是其截面高度的 1/3 ～ 1/2。

1.4.3　柱

　　柱是建筑物中垂直的主结构件，承托在它上方的重量。也就是说，建筑柱阵列负责承托梁架结构以及其他部分的重量。

　　柱是在工程结构中主要承受压力，有时也同时承受弯矩的竖向杆件，用以支承梁、桁架、楼板等。

柱

　　建筑柱的类型如图 1-19 所示。细长柱的失效形式主要是丧失稳定性，短粗柱也可能由于强度不足而破坏。

　　以前的建筑，多数采用木造柱子，称为木柱、木柱子。后来，还出现了采用石造柱，称为石柱、石柱子。现在的建筑常采用钢筋混凝土柱。

　　根据柱子的截面来分，柱的特点见表 1-17。

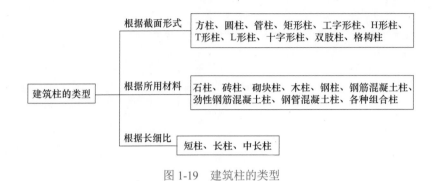

图 1-19　建筑柱的类型

表 1-17　根据截面分类的柱的特点

名　称	解　说
变截面柱	水平截面尺寸沿高度方向变化的柱
等截面柱	水平截面尺寸沿高度方向不变的柱
阶形柱	（1）水平截面尺寸沿高度方向分段改变的柱。 （2）阶形柱分为单阶柱、双阶柱、多阶柱

钢筋混凝土柱是用钢筋混凝土材料制成的柱子。钢筋混凝土柱是房屋、水工、桥梁等各种工程结构中最基本的承重构件，常用作楼盖的支柱、基础柱、桥墩、塔架、桁架的压杆等。

钢筋混凝土柱的类型如图 1-20 所示。偏心受压钢筋混凝土柱是受压兼受弯构件。工程中的柱绝大多数都是偏心受压柱。

劲性钢筋混凝土柱是在柱的内部或外部配置型钢，型钢分担很大一部分荷载，并且用钢量大，但是可以减小柱的断面与提高柱的刚度。未浇灌混凝土前，柱的型钢骨架并且可以承受施工荷载、减少模板支撑用材。用钢管作外壳，内浇混凝土的钢管混凝土柱，是劲性钢筋柱的另一种形式。

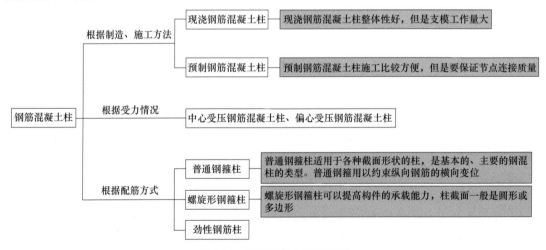

图 1-20　钢筋混凝土柱的类型

柱的截面形式主要根据工程性质、使用要求确定，还要有便于施工、便于制造、节约模板、保证结构的刚性等要求。

方形柱、矩形柱的模板用量最省，制作也简便，因此使用广泛。矩形是偏心受压柱截面的基本形式。方形柱适用于接近中心受压柱的情况。

柱的纵向受力钢筋的数量可以根据强度计算来决定。为了保证柱使用时的刚度、施工时钢筋骨架的刚度，纵向受力筋需要采用较大直径的钢筋。如果纵向受力钢筋为几种直径的钢筋，则应把大直径的钢筋设在骨架的四角上。

柱结构与柱如图1-21所示。

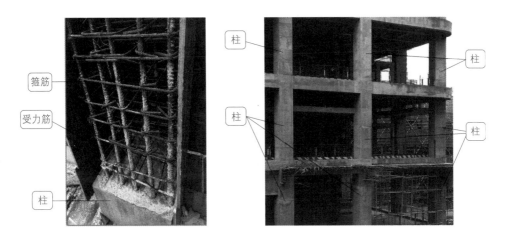

图1-21 柱结构与柱

> **干货与提示**
>
> 为了充分发挥混凝土抗压强度高的优点，当柱承重较大时，往往采用较高的混凝土标号。横向箍筋与纵向钢筋连接要牢固，这样有助于增加钢筋骨架的刚性。

1.4.4 墙

建筑中说到的墙通常是指墙体。墙主要是起承重、围护、分隔空间等作用。墙体一般需要有足够的强度、稳定性，有的还需要具有隔热、隔声、保温、防火、防水等作用。

墙

墙的部分类型如图1-22所示。

挡土墙是主要承受土压力，防止土体塌滑的墙式构筑物。土钉墙是分步开挖设置形成的由基坑侧壁内部的土钉群、面层、土钉间的原位土体共同组成的支挡结构。翼墙是闸、坝等水工建筑物上下游的两侧用以引导水流并兼有挡土及侧向防渗作用的构筑物。

抗侧力墙体结构是以墙作为抗侧力基本计算单元的结构体系的总称。墙肢是指结构墙中较大洞口左、右两侧的墙体。

连梁墙是结构墙中较大洞口上、下方的墙体。连肢墙是墙肢刚度大于连梁刚度的开洞结构墙，分双肢墙或多肢墙，仅有两个墙肢时称耦联墙。

承重墙、非承重墙、结构墙的特点见表1-18。

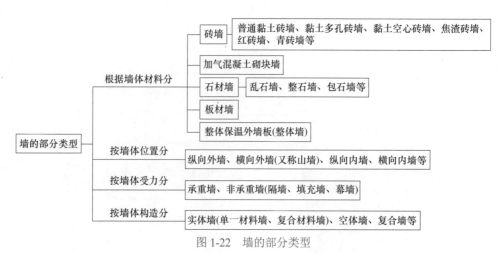

图 1-22 墙的部分类型

表 1-18 承重墙、非承重墙、结构墙的特点

名称	特　点
承重墙	直接承受外加作用、自重
非承重墙	（1）主要起围挡或分隔空间的作用。 （2）不承受自重以外的竖向荷载，结构设计不作为受力构件考虑，也称自承重墙
结构墙	（1）主要承受侧向力或地震作用，并保持结构整体的稳定 （2）又称为剪力墙、抗震墙等

　　墙如图 1-23 所示。目前，一些高层、超高层房屋结构中采用了剪力墙结构来代替框架结构中的梁柱。根据结构材料，剪力墙可以分为钢筋混凝土剪力墙、钢板剪力墙、型钢混凝土剪力墙、配筋砌块剪力墙等类型。其中，钢筋混凝土剪力墙最为常用。

图 1-23 墙

楼梯

1.4.5 楼梯

　　楼梯是建筑楼层间垂直交通用的一种构件。楼梯一般由踏步板、栏杆的梯段、平台等组成。楼梯实例如图 1-24 所示。楼梯的常见类型如图 1-25 所示。

图 1-24　楼梯实例

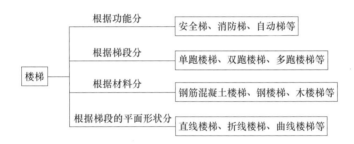

图 1-25　楼梯的常见类型

　　现浇钢筋混凝土楼梯是指将楼梯段、平台、平台梁现场浇筑成一个整体的楼梯。根据构造不同，现浇钢筋混凝土楼梯可以分为板式楼梯、梁式楼梯等种类，如图 1-26 所示。

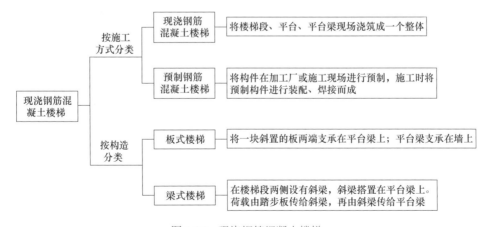

图 1-26　现浇钢筋混凝土楼梯

1.4.6 结构材料

1.4.6.1 建筑结构材料的类型

建筑结构材料是用于制作结构的人造材料或天然材料。建筑结构材料分为非金属材料、金属材料、有机材料以及由上述材料组成的复合材料。混凝土、钢材等都属于建筑结构材料。

混凝土是由水泥或其他胶结料等胶凝材料、粗细骨料、水等根据一定配合比经搅拌、成型、养护等工艺制成的先可塑后硬化的一种结构材料。混凝土使用时，根据实际情况需求，可以另加掺合料或外加剂。

钢材是结构用的型钢、钢板、钢管、带钢或薄壁型钢以及钢筋、钢丝、钢绞线等的总称。

1.4.6.2 结构材料的性能

材料的力学性能是材料在规定的受力状态下所产生的压缩、拉伸、剪切、弯曲、疲劳、屈服等性能。钢筋设计计算往往涉及材料的力学性能。材料力学性能的改变常与材料的质变及形变相关。

材料的常用强度见表 1-19。

表 1-19　材料的常用强度

强度类型	概　念
强度	材料抵抗破坏的能力。其值为在一定的受力状态或工作条件下，材料所能承受的最大应力
抗剪强度	材料所能承受的最大剪应力
抗拉强度	材料所能承受的最大拉应力
抗弯强度	材料在受弯状态下所能承受的最大拉应力或压应力
抗压强度	材料所能承受的最大压应力
疲劳强度	材料在规定的作用重复次数下不发生破坏的最大重复应力的幅值
屈服强度	（1）钢材在受力过程中，荷载不增加或略有降低而变形持续增加时所受的恒定应力。 （2）对受拉无明显屈服现象的钢材，则为标距部分残余伸长达原标距长度 0.2%时的应力

混凝土常涉及的变化如下。

（1）混凝土收缩　混凝土收缩就是在混凝土凝固、硬化的物理、化学过程中，构件尺寸随时间推移而缩小的现象。

（2）混凝土碳化　混凝土碳化是混凝土因大气中的二氧化碳渗入而导致碱度降低的一种现象。当碳化深度超过混凝土保护层时，就会引起钢筋锈蚀而影响混凝土结构的耐久性。

（3）混凝土徐变　混凝土徐变是指在持久作用下混凝土构件随时间推移而增加的应变。

1.4.6.3 结构材料的等级

钢材强度等级是根据相关部门规定的钢材牌号划分的钢材强度级别。

砂浆强度等级是根据砌筑砂浆标准试件用标准试验方法测得的抗压强度平均值所划分的强度级别。

混凝土强度等级是根据混凝土立方体抗压强度标准值划分的强度级别。

普通钢筋强度等级是根据普通钢筋强度标准值划分的级别。

预应力筋强度等级是根据预应力筋强度标准值划分的级别。

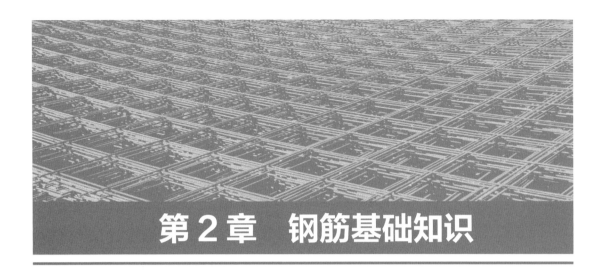

第2章 钢筋基础知识

2.1 钢筋的分类与特点

2.1.1 钢筋的分类

钢筋是钢筋混凝土用、预应力钢筋混凝土用的钢材，其横截面常为圆形，有时为带有圆角的方形。

钢筋混凝土用钢筋就是钢筋混凝土配筋用的直条、盘条状钢材，按其外形常分为光圆钢筋、变形钢筋等种类。钢筋混凝土用钢筋根据交货状态，常分为直条、盘圆等种类。

钢筋的有光圆钢筋、带肋钢筋、扭转钢筋等种类，如图2-1所示。光圆钢筋表面光滑，实际上是普通低碳钢的小圆钢与盘圆。混凝土结构常采用带肋钢筋，以确保结构不会发生失稳等现象。

> **干货与提示**
>
> 光圆钢筋俗称线材、圆钢；带肋钢筋俗称螺纹钢。I级钢筋（HPB235级钢筋）供货直径一般不大于10mm，长度为6~12m。常说的钢筋规格指钢筋的直径。钢筋常见直径有6mm、6.5mm、8mm、12mm、14mm、16mm、18mm、20mm、22mm、25mm、28mm、32mm等。

《低碳钢热轧圆盘条》（GB/T 701—1997）中钢筋的牌号为Q195、Q195C、Q215A、Q215B、Q215C、Q235A、Q235B、Q235C等。后来，《钢筋混凝土用钢　第1部分：热轧光圆钢筋》（GB/T 1499.1—2008）代替了GB/T 701—1997。GB/T 1499.1—2008中明确说明了将《钢筋混凝土用热轧光圆钢筋》（GB 13013—1991）的强度等级代号R235和GB/T 701—1997中建筑用牌号Q235统一为HPB235。《钢筋混凝土用钢　第1部分：热轧光圆钢筋》（GB/T 1499.1—2008）于2018年9月1日被GB/T 1499.1—2017代替。GB/T 1499.1—2017与

钢筋的分类

GB/T 1499.1—2008 相比，一些变化包括：删除 HPB235 牌号及其相关技术要求；增加了可在钢筋表面增加凸起厂名等表面标识等。

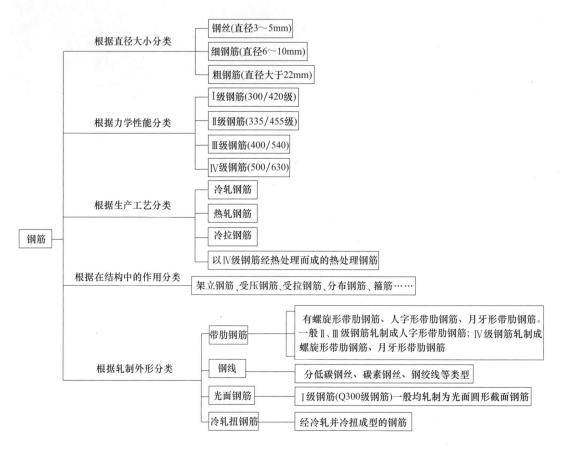

图 2-1　钢筋的类型

《钢筋混凝土用热轧带肋钢筋》（GB 1499—1998）代替《钢筋混凝土用热轧带肋钢筋》（GB 1499—1991），钢筋牌号的变化为：牌号 HRB335 代替 RL335、牌号 HRB400 代替 RL400。后来，GB 1499.2—2007 代替了 GB 1499—1998，并且增加了细晶粒热轧钢筋 HRBF335、HRBF400、HRBF500 三个牌号，以及修改了钢筋牌号标志：HRB335、HRB400、HRB500 分别以 3、4、5 表示。HRBF335、HRBF400、HRBF500 分别以 C3、C4、C5 表示。后来《钢筋混凝土用钢　第 2 部分：热轧带肋钢筋》（GB/T 1499.2—2018）代替了《钢筋混凝土用钢　第 2 部分：热轧带肋钢筋》（GB/T 1499.2—2007），其中的一些变化包括：取消了 335MPa 级钢筋；增加了 600MPa 级钢筋；增加了带 E 的钢筋牌号等。

光圆钢筋应用中，逐步淘汰低强 235MPa 的钢筋，以 300MPa 光圆钢筋替代。

钢筋牌号、对应旧称呼、对应名称的规定如下：

HPB300，俗称一级钢，常用符号Ⅰ级表示普通热轧光圆钢筋；

HRB335，俗称二级钢，常用符号Ⅱ级表示普通热轧带肋钢筋；

HRB400，俗称三级钢，常用符号Ⅲ级表示普通热轧带肋钢筋；

HRB500，俗称四级钢，常用符号Ⅳ级表示普通热轧带肋钢筋。

2.1.2　常见钢筋及相关概念

常见钢筋及相关概念见表 2-1。构造配筋就是在混凝土结构构件中不经计算而根据规定要求设置的纵向钢筋或箍筋等情况。

表 2-1　常见钢筋及相关概念

钢筋类型	特　点
横肋	横肋就是与纵肋不平行的一种其他肋
纵肋	纵肋是平行于钢筋轴线的均匀连续肋
带肋钢筋	带肋钢筋是表面通常带有两条纵肋、沿长度方向带有均匀分布的横肋的钢筋
月牙肋钢筋	月牙肋钢筋是横肋的纵截面呈月牙形且与纵肋不相交的钢筋
冷拔（轧）光面钢筋	冷拔（轧）光面钢筋是热轧圆盘条经冷拔（轧）减径而成的光面圆形钢筋，统称冷拔光面钢筋
冷轧带肋钢筋	冷轧带肋钢筋是在热轧圆盘条经冷轧后，在其表面带有沿长度方向均匀分布的横肋的钢筋
高延性冷轧带肋钢筋	高延性冷轧带肋钢筋就是热轧圆盘条经过冷轧成型及回火热处理获得的具有较高伸长率的冷轧带肋钢筋
普通热轧钢筋	普通热轧钢筋就是在普通热轧状态交货的一种钢筋
细晶粒热轧钢筋	细晶粒热轧钢筋是在热轧过程中，通过控轧、控冷工艺形成的细晶粒钢筋，其晶粒度为 9 级或更细
贯通筋	（1）贯通筋就是指贯穿于构件（如梁）整个长度的钢筋，中间既不弯起也不中断。 （2）当钢筋过长时，可以搭接或焊接，但是不改变直径。贯通筋既可以是受力筋，也可以是架立筋
通长筋	通长筋是指在所标的区段内通长设置的钢筋，直径可以不相同，也可以采用搭接连接形式，保证梁各个部位的这部分钢筋均能够发挥其抗拉强度。通长筋两端需要根据设置能够承受拉应力的受拉锚固
横向钢筋	横向钢筋就是垂直于纵向受力钢筋的箍筋或间接钢筋
腰筋	腰筋是配置在梁侧中部的构造筋
架立筋	架立筋为钢筋混凝土结构中的钢筋，其主要用以固定梁内钢箍的位置，以及构成梁内的钢筋骨架
受力筋	（1）受力筋也叫作主筋、受力钢筋。 （2）受力筋为钢筋混凝土结构中的钢筋，其是承受拉应力、压应力的钢筋。 （3）受力筋可以分为直筋、弯起筋，还可以分为承受压应力的负筋、承受拉应力的正筋
负筋	（1）负筋也就是负弯矩筋的简称。 （2）负弯矩筋就是在建筑工程钢筋混凝土构件中为抵抗负弯矩而设置的一种钢筋
弯起钢筋	弯起钢筋是混凝土结构构件的下部（或上部）纵向的受拉钢筋。弯起钢筋规定的部位与角度弯到构件上部（或下部）后，须满足锚固要求
箍筋	（1）箍筋为钢筋混凝土结构中的钢筋，其作用为承受一部分斜拉应力以及固定受力筋的位置。 （2）箍筋多用于梁、柱内
分布筋	分布筋为钢筋混凝土结构中的钢筋，其主要用于屋面板、楼板内与板的受力筋垂直布置，以及将承受的重量均匀地传给受力筋，并且固定受力筋的位置、抵抗热胀冷缩所引起的温度变形等

弯起钢筋的特点如图 2-2 所示。

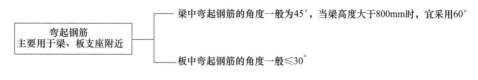

图 2-2　弯起钢筋的特点

判断受力筋、分布筋的小技巧如下。

① 现浇板中的受力筋承受拉力较大，其直径较大；分布筋直径较小，通常与受力筋垂直布置，便于固定受力筋的位置。也就是看钢筋直径：直径大的钢筋为受力筋，直径小的钢筋为分布筋。

② 单向板，沿长边方向布置的一般为分布筋，也就是说平行于短跨方向的钢筋为受力筋。双向板，一般两个方向都是受力钢筋。

③ 梁或板的下部承受拉力的那部分钢筋以及抗剪切的弯起筋、吊筋等钢筋一般为受力筋，如图 2-3 所示。

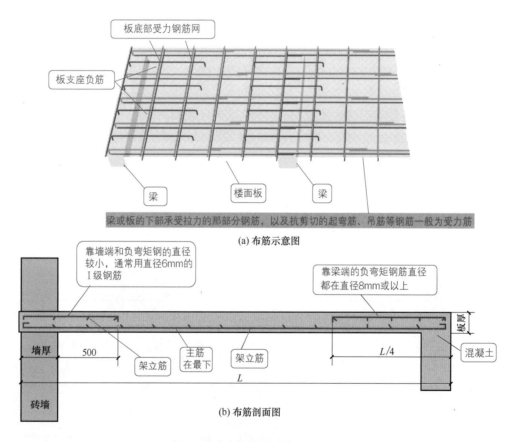

图 2-3　单向楼板的受力筋与负筋

④ 从布置上来判断：正弯矩筋布置在下的钢筋为受力筋，在之上垂直分布的钢筋为分布筋。负弯矩筋（例如悬挑板）与正弯矩筋布置相反，即负弯矩筋在下的钢筋为分布筋，负弯矩筋在之上的钢筋为受力筋。

常见钢筋的特性如图 2-4 所示。

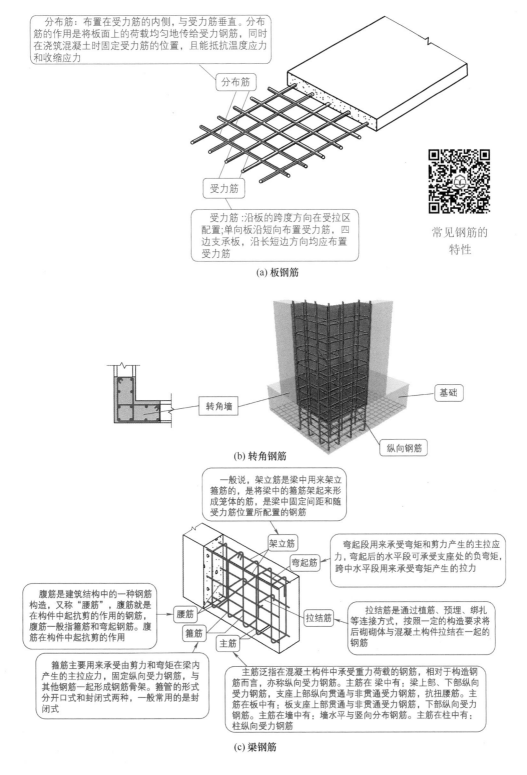

图 2-4

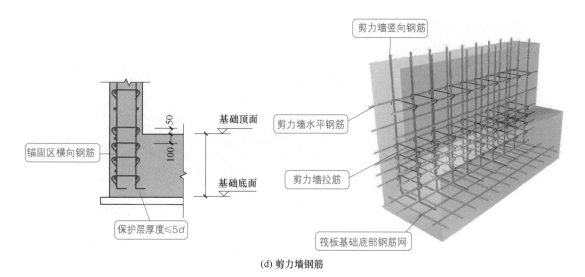

(d) 剪力墙钢筋

图 2-4　常见钢筋的特性

干货与提示

主筋一般可以简单理解为粗的钢筋。

2.2　常用钢筋

2.2.1　受拉钢筋与受压钢筋

受压钢筋是处于承受压力状态的钢筋，受拉钢筋是承受拉力的钢筋。受拉与受压的理解如图 2-5 所示。

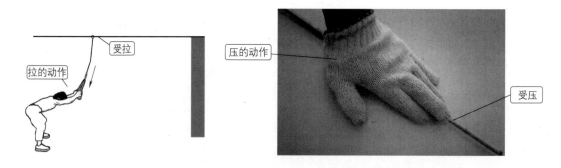

图 2-5　受拉与受压的理解

对于梁而言，受拉钢筋一般出现在靠下的部分，受压钢筋一般出现在上面。但是在支座的地方，正好相反。

钢筋混凝土梁受力示意如图 2-6 所示。

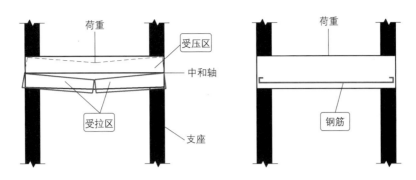

图 2-6 钢筋混凝土梁受力示意

干货与提示

一般来讲，除构造筋外，主筋一般是受拉为主的钢筋。

判断钢筋是受拉钢筋还是受压钢筋，需要首先看混凝土结构的形式。

（1）挑梁如同伸直手臂的样子，如果在手臂任何部位上加力下压，手臂会有一个向下的趋势，则说明手臂上面受拉。从而不难理解，挑梁上面的钢筋为受拉钢筋，且挑梁一般都是把主筋放置在上面，如图 2-7 所示。

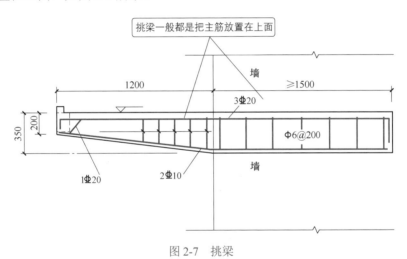

图 2-7 挑梁

（2）简支梁如同伸直手臂且手指放在桌子上的"样子"（即手臂是悬空的，手指放在桌子上为支点）。在手臂上加力下压，手臂下面会有拉伸的感觉，即说明手臂下面受拉。从而不难理解，简支梁下面的钢筋为受拉钢筋，并且简支梁一般都是把主筋放置在下面。

（3）地梁、圈梁、台帽的受拉受压判断，如同伸直的手臂全部放在桌子上，然后在手臂上加力，手臂只会有受压的感觉，说明手臂都是受压没有受拉。所以，地梁、圈梁、台帽的钢筋是受压钢筋。

（4）板基本是底部钢筋受拉，因此主筋（粗钢筋）放下面。

2.2.2 弯矩筋

弯矩是荷载产生的一种效应，是受力构件截面上内力矩的一种，是弯曲所需要的力矩。

弯曲所需力矩的正负判断标准为：下部受拉为正（上部受压），上部受拉为负（下部受压），如图 2-8 所示。

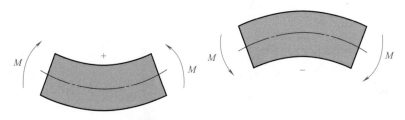

图 2-8　弯曲所需要的力矩

结构力学规定，节点弯矩逆时针为正、顺时针为负。若按受力构件沿截面截取的部分上所有外力对该截面形心矩的代数和（与横截面垂直的分布内力系的合力偶矩）规定，构件下凹时节点弯矩为正、上凸时节点弯矩为负。根据受拉受压来判断节点弯矩的正负如下：构件上部受压为正，下部受压为负；反之构件上部受拉为负，下部受拉为正。

需要注意，不同的学科中对于弯矩的正负有不同的规定。规定了弯矩的正负，也就可以将弯矩进行代数计算。

负筋就是在建筑工程钢筋混凝土构件中为抵抗负弯矩而设置的钢筋。负筋一般常用于两个部位：梁支座筋、板负弯筋。其中，梁支座筋也叫作扁担筋、压梁铁；板负弯筋也叫作扣筋、盖筋等。

2.2.3　板受力筋、负筋与分布筋

板受力筋、负筋与分布筋的判断方法如下。

（1）板的受力筋

贯穿整块板或多块板的板钢筋叫作受力筋，其中底层的板钢筋叫作底筋，面层的板钢筋叫作面筋。贯穿一块或多块板并且伸入相邻板内一部分的面层板钢筋叫作跨板受力筋。

（2）板的负筋

单边板负筋就是一端锚入支座（也就是梁或混凝土墙），另一端伸入板内一定长度的面层板筋。双边板负筋就是骑跨在支座上，两端伸入板内一定长度的面层板钢筋。

（3）板的分布筋

板分布筋用于固定板负筋、固定跨板受力筋，使其钢筋间距保持相同。分布筋往往是与板负筋、跨板受力筋垂直分布的钢筋。受力筋中的底筋、面筋，因其双向布置（也就是互相垂直布置），可以保证钢筋间相互平行，则不需要分布筋来固定间距。

（4）钢筋网

特殊情况下，板中间会布置一些钢筋网。

> **干货与提示**
>
> （1）根据弯钩来判断：钢筋图中，有 180° 或 135° 弯钩的钢筋一般是受力底筋，两端 90° 弯折的钢筋一般是负筋。
>
> （2）根据布置位置来判断：受力筋一般布置在轴线或墙梁的中间。负筋一般布置沿梁或沿墙位置，并且出墙或出梁一定的长度。

板受力筋、负筋与分布筋的判断

2.3　钢筋的指标

2.3.1　钢筋的强屈比和超屈比

钢筋强屈比是指钢筋的抗震性能，是钢筋的抗拉强度实测值与屈服强度实测值之比，钢筋强屈比结果一般不能小于 1.25，但是钢筋强屈比也不应过大。钢筋强屈比愈大，则反映钢材受力超过屈服点工作时的可靠性愈大，即结构的安全性愈高。但是钢筋强屈比太大，则反映钢材不能被有效地利用。

超屈比反映了钢筋强度储备。如果屈服强度过高，则钢筋的材质会发生变化。抗震等级为一级、二级、三级的框架结构的纵向受力钢筋，其超屈比不应大于 1.3。

钢筋强屈比和超屈比的计算公式如图 2-9 所示。

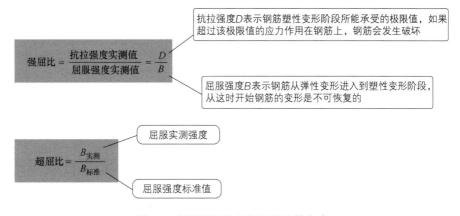

图 2-9　钢筋强屈比和超屈比计算公式

2.3.2　拉伸伸长率

钢筋伸长率是表示材料均匀变形性能或稳定变形性能的重要参数。钢筋伸长率是指试样在拉伸断裂后，原始标距的伸长量与原始标距之比，以百分率表示，如图 2-10 所示。钢筋拉伸伸长率越大，说明钢筋的延展性越好，也就是说其可以负担更大的变形。

钢筋混凝土构件中，钢筋的延展性越好，从构件出现裂缝到构件断裂倒塌延续的时间也越长。

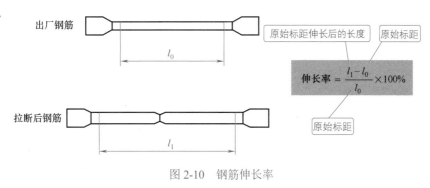

图 2-10　钢筋伸长率

2.4 带肋钢筋

（1）带肋钢筋的特点 带肋钢筋通常是横截面为圆形、表面有肋的一种混凝土结构用钢材。

（2）带肋钢筋的交货要求 每盘（捆）钢筋（带肋钢筋）一般要均匀捆扎不少于3道，端头要弯入盘内。一般厂家会在每盘（捆）钢筋挂不少于两个标牌，并且注明生产厂、生产日期、钢筋牌号、钢筋规格等。

（3）带肋钢筋的类型 带肋钢筋的类型如图2-11所示。

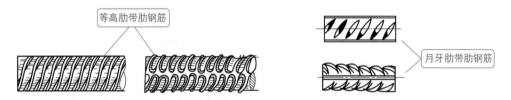

图2-11 带肋钢筋的类型

（4）带肋钢筋横肋的设计原则

① 横肋与钢筋轴线的夹角 β 不应小于45°，当该夹角不大于70°时，钢筋相对两面上横肋的方向应相反。

② 横肋公称间距 l 不得大于钢筋公称直径的70%。

③ 横肋侧面与钢筋表面的夹角 α 不得小于45°。

④ 钢筋相邻两面上横肋末端间的间隙（包括纵肋宽度）总和不应大于钢筋公称周长的20%。

> **干货与提示**
>
> 带肋钢筋通常带有纵肋，但是也可以不带纵肋。

2.5 冷轧带肋钢筋

2.5.1 冷轧带肋钢筋的牌号

冷轧带肋钢筋以CRB表示，其中C表示Cold rolled，R表示Ribbed，B表示Bars。后面的数字仍然表示屈服强度特征值，如CRB550即表示屈服强度特征值为550MPa的冷轧带肋钢筋。

钢筋牌号中还可在阿拉伯数字的前面或后面加上英文字母，用以表示钢筋的不同特点。如，根据延性高低，冷轧带肋钢筋分为冷轧带肋钢筋CRB、高延性冷轧带肋钢筋CRBH等。

冷轧带肋钢筋牌号的构成如图2-12所示。

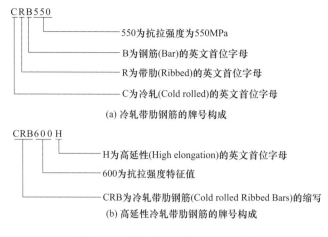

图 2-12 冷轧带肋钢筋牌号的构成

干货与提示

钢筋特征值是在无限多次的检验中，与某一规定概率所对应的分位值，例如，CRB550 表示抗拉强度特征值为 550N/mm^2 的冷轧带肋钢筋；CRB600H 表示抗拉强度特征值为 600N/mm^2 的高延性冷轧带肋钢筋。

冷轧带肋钢筋常见牌号为 CRB550、CRB650、CRB800、CRB600H、CRB680H、CRB800H 等，其用途与尺寸如图 2-13 所示。

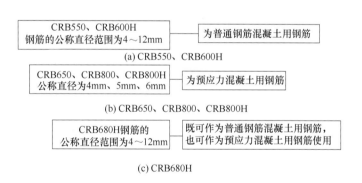

图 2-13 冷轧带肋钢筋常见牌号的应用与尺寸

2.5.2 冷轧带肋钢筋的标志

《冷轧带肋钢筋》（GB/T 13788—2017）对带肋钢筋的标志表示方法进行了规定，如图 2-14 所示。

2.5.3 冷轧带肋钢筋的特点

冷轧带肋钢筋的特点如图 2-15 所示。

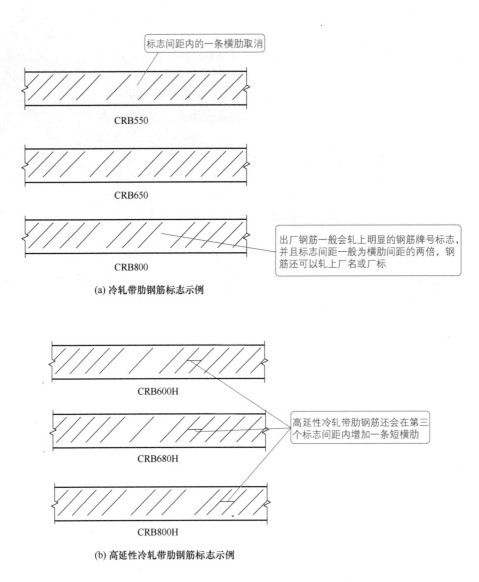

(a) 冷轧带肋钢筋标志示例

(b) 高延性冷轧带肋钢筋标志示例

图 2-14 冷轧带肋钢筋的标志要求

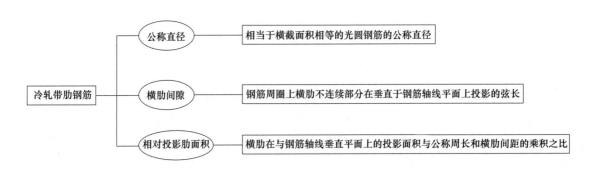

图 2-15 冷轧带肋钢筋的特点

2.5.4　冷轧带肋钢筋的应用

冷轧带肋钢筋可用于楼板配筋、墙体分布钢筋、梁柱箍筋及圈梁、构造柱配筋等。但是，冷轧带肋钢筋不得用于有抗震设防要求的梁、柱纵向受力钢筋及板柱结构配筋。

2.5.4.1　混凝土结构中的冷轧带肋钢筋选用的一般规定

① CRB550、CRB600H 钢筋宜用作钢筋混凝土结构中的受力钢筋、钢筋焊接网、箍筋、构造钢筋、预应力混凝土结构构件中的非预应力筋。CRB550 钢筋的技术指标需要符合现行国家标准《冷轧带肋钢筋》（GB 13788—2017）等有关规定。高延性冷轧带肋钢筋需要满足其有关技术指标。

② CRB650、CRB650H、CRB800、CRB800H、CRB970 钢筋宜用作预应力混凝土结构构件中的预应力筋。CRB650、CRB800、CRB970 钢筋的技术指标需要符合现行国家标准《冷轧带肋钢筋》（GB 13788—2017）等有关规定。高延性冷轧带肋钢筋需要满足其有关技术指标。

③ 直径 4mm 的钢筋，一般不宜用作混凝土构件中的受力钢筋。

2.5.4.2　冷轧带肋钢筋混凝土结构钢筋的有关要求

① 需要满足混凝土结构中的冷轧带肋钢筋的选用规定。

② 冷轧带肋钢筋的强度标准值应具有不小于 95% 的保证率。

③ 冷轧带肋钢筋弹性模量 E_s 可取 $1.9×10^5 \text{N/mm}^2$。

④ CRB550、CRB600H 钢筋，可以用于需作疲劳性能验算的板类构件。当钢筋的最大应力不超过 300N/mm^2 时，钢筋的 200 万次疲劳应力幅限值可取 150N/mm^2。

⑤ 钢筋混凝土用冷轧带肋钢筋的强度标准值 f_{yk}，一般应由抗拉屈服强度来表示，并且应根据表 2-2 来采用。

表 2-2　钢筋混凝土用冷轧带肋钢筋强度标准值

牌号	符号	钢筋直径 /mm	f_{yk} $(f_{0.2k})$ / (N/mm^2)
CRB550	$Φ^R$	4 ~ 12	500 ($f_{0.2k}$)
CRB600H	$Φ^{RH}$	5 ~ 12	520 (f_{yk})

注：1. 表中直径 4mm 的冷轧带肋钢筋仅用于混凝土制品。

2. f_{yk} 为有屈服台阶的屈服强度，$f_{0.2k}$ 为没有屈服台阶钢筋的条件屈服强度。

⑥ 预应力混凝土用冷轧带肋钢筋的强度标准值 f_{ptk}，一般应由抗拉强度来表示，并应根据表 2-3 来采用。

表 2-3　预应力混凝土用冷轧带肋钢筋强度标准值

牌号	符号	钢筋直径 /mm	f_{ptk}/(N/mm^2)
CRB650	$Φ^R$	4、5、6	650
CRB650H	$Φ^{RH}$	5、6	
CRB800	$Φ^R$	5	800
CRB800H	$Φ^{RH}$	5、6	
CRB970	$Φ^R$	5	970

注：表中直径 4mm 的冷轧带肋钢筋仅用于混凝土制品。

⑦冷轧带肋钢筋的抗拉强度设计值f_y、抗压强度设计值f'_y应根据表2-4、表2-5来采用。

表 2-4　钢筋混凝土用冷轧带肋钢筋强度设计值

牌号	符号	$f_y/(\mathrm{N/mm^2})$	$f'_y/(\mathrm{N/mm^2})$
CRB550	Φ^R	400	380
CRB600H	Φ^{RH}	415	380

注：1. 冷轧带肋钢筋用作横向钢筋的强度设计值f_{yv}应根据表中f_y的数值采用。
2. 当用作受剪、受扭、受冲切承载力计算时，其数值应取360N/mm²。

表 2-5　预应力混凝土用冷轧带肋钢筋强度设计值

牌号	符号	$f_{py}/(\mathrm{N/mm^2})$	$f'_{py}/(\mathrm{N/mm^2})$
CRB650	Φ^R	430	380
CRB650H	Φ^{RH}		
CRB800	Φ^R	530	
CRB800H	Φ^{RH}		
CRB970	Φ^R	650	

注：f_{py}为预应力冷轧带肋钢筋抗拉强度设计值；f'_{py}为预应力冷轧带肋钢筋抗压强度设计值。

干货与提示

　　冷轧带肋钢筋混凝土结构中混凝土强度等级不应低于C20；预应力混凝土结构构件的混凝土强度等级不应低于C30。

2.6　热轧钢筋

2.6.1　热轧钢筋的基础知识

　　热轧钢筋是经热轧成型以及自然冷却的成品钢筋。其一般是由低碳钢、普通合金钢在高温状态下轧制而成。热轧钢筋可分为热轧光圆钢筋和热轧带肋钢筋。

　　热轧钢筋主要用于钢筋混凝土、预应力混凝土结构的配筋。热轧钢筋需要具备一定的强度，即有屈服点、抗拉强度要求，这些指标是结构设计的主要依据。热轧钢筋属于软钢，断裂时会产生颈缩现象。

　　钢筋的公称直径范围一般为6～25mm，标准推荐的钢筋公称直径为6mm、8mm、10mm、12mm、16mm、20mm、25mm、32mm、40mm、50mm。热轧钢筋常见的直径与交货特点如图2-16所示。

干货与提示

　　钢筋线材如果以盘条形式交货，则又称为盘条。

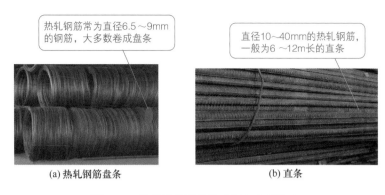

(a) 热轧钢筋盘条　　　　(b) 直条

图 2-16　热轧钢筋常见的直径与交货特点

2.6.2　热轧光圆钢筋

2.6.2.1　热轧光圆钢筋的基础知识

热轧光圆钢筋就是经热轧成型，横截面通常为圆形，表面光滑的成品钢筋。

热轧光圆钢筋的公称直径范围一般为 6 ～ 22mm，推荐的钢筋公称直径为 6mm、8mm、10mm、12mm、16mm、20mm。热轧光圆钢筋的允许偏差与要求如图 2-17 所示。

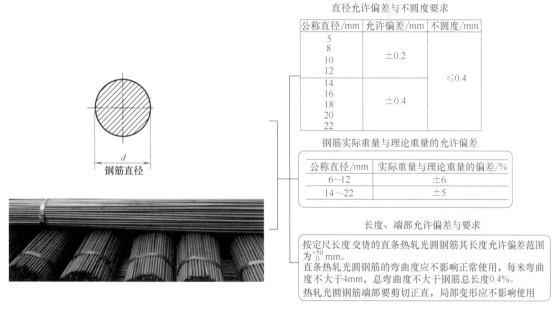

直径允许偏差与不圆度要求

公称直径/mm	允许偏差/mm	不圆度/mm
5 8 10 12	±0.2	≤0.4
14 16 18 20 22	±0.4	

钢筋实际重量与理论重量的允许偏差

公称直径/mm	实际重量与理论重量的偏差/%
6~12	±6
14~22	±5

长度、端部允许偏差与要求

按定尺长度交货的直条热轧光圆钢筋其长度允许偏差范围为 $^{+50}_{0}$ mm。
直条热轧光圆钢筋的弯曲度应不影响正常使用，每米弯曲度不大于4mm，总弯曲度不大于钢筋总长度0.4%。
热轧光圆钢筋端部要剪切正直，局部变形应不影响使用

图 2-17　热轧光圆钢筋的允许偏差与要求

2.6.2.2　热轧光圆钢筋的牌号

热轧光圆钢筋的牌号，常见以英文字母加阿拉伯数字表示。HPB 为 Hot rolled Plain Bars 的缩写，后面的阿拉伯数字表示屈服强度特征值，如 HPB300 即表示屈服强度特征值为 300MPa 的热轧光圆钢筋。

热轧光圆钢筋牌号的构成如图 2-18 所示。

2.6.3 热轧带肋钢筋

2.6.3.1 热轧带肋钢筋的牌号

热轧带肋钢筋以 HRB（Hot rolled Ribbed Bars 的缩写）表示，后面的数字表示屈服强度特征值，根据屈服强度特征值，热轧带肋钢筋可以分为 400 级、500 级、600 级。钢筋牌号中还可在阿拉伯数字的前面或后面加上英文字母，用以表示钢筋的不同特点。热轧带肋钢筋的牌号构成与含义如图 2-19 所示，常见热轧钢筋如图 2-20、图 2-21 所示。

热轧带肋钢筋的分类和牌号

图 2-18　热轧光圆钢筋牌号的构成

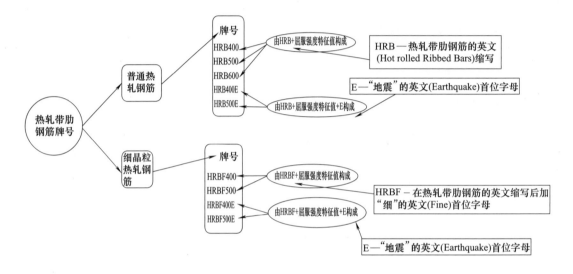

图 2-19　热轧带肋钢筋牌号的构成与含义

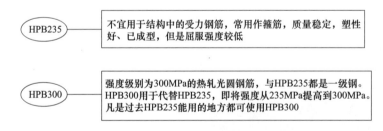

图 2-20　常见热轧钢筋

2.6.3.2 热轧带肋钢筋的标志

《钢筋混凝土用钢　第 2 部分：热轧带肋钢筋》（GB/T 1499.2—2018）对钢筋表面标志的规定如下。

① 应在钢筋其表面轧上牌号标志、生产企业序号（许可证后 3 位数字）、公称直径毫米数字，有的还可轧上经注册的厂名或商标。厂名一般是以汉语拼音字头来表示。公称直径毫米数一般是以阿拉伯数字来表示。

② 钢筋牌号，一般是以阿拉伯数字或阿拉伯数字加英文字母的牌号缩写来表示，见表 2-6。

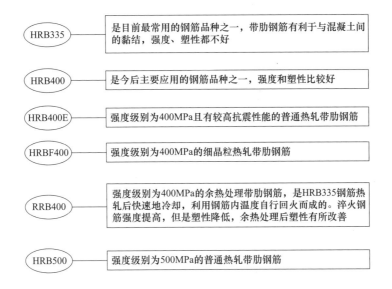

图 2-21 常见热轧带肋钢筋

③ 标志需要清晰明了。标志的尺寸，一般是由供方根据钢筋直径大小作适当规定，与标志相交的横肋可以取消。

表 2-6 钢筋牌号在钢筋上的标示代号

钢筋牌号	标示代号	钢筋牌号	标示代号
HRB335	3	HRB335E	3E
HRB400	4	HRB400E	4E
HRB500	5	HRB500E	5E
HRB600	6	HRBF500	C5
HRBF400E	C4E	HRBF335	C3
HRBF500E	C5E	HRBF400	C4

热轧带肋钢筋标志的识读如图 2-22 所示。过去的标志多是从左到右为一个数字 + 一个字母 + 一个或两个字母 + 两个数字的组合。目前，多增加了生产企业序号（许可证后 3 位数字）等标志。

第一部分的数字是"3、4、5"中的一个，分别代表了钢筋的屈服强度分别为300MPa、400MPa、500MPa的强度级别

第二部分的字母是对钢筋类型的描述，如果该位置字母为空，则表示为热轧钢筋。字母K表示余热处理钢筋；字母C表示细晶粒钢筋；字母E表示抗震钢筋；字母W表示可焊钢筋

第三部分的字母表示生产钢材的钢厂

第四部分的两位数字表示钢筋的直径，一般在范围6～50mm内

图 2-22

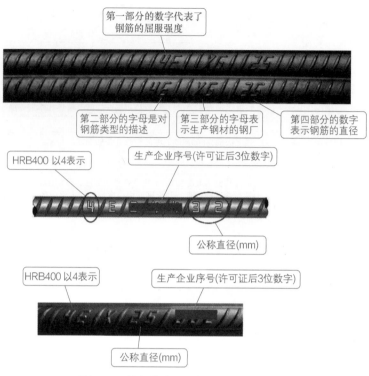

图 2-22　热轧带肋钢筋标志的识读

2.6.3.3　热轧带肋钢筋的吊牌实例

热轧带肋钢筋吊牌的实例如图 2-23 所示。

图 2-23　热轧带肋钢筋吊牌的实例

2.6.4　热轧钢筋与冷轧钢筋的区别

热轧钢筋与冷轧钢筋的区别如图 2-24 所示。

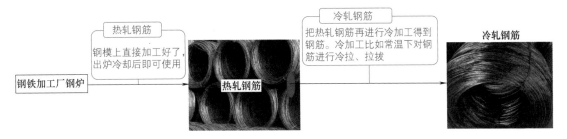

图 2-24　热轧钢筋与冷轧钢筋的区别

干货与提示

热轧钢筋打头字母是"H"，例如热轧带肋的 HRB335 等。冷轧钢筋打头字母是"C"，例如冷轧带肋钢筋 CRB550 等。

2.7　纤维增强复合材料复合钢筋

2.7.1　纤维增强复合材料复合钢筋的基础知识

钢筋混凝土用碳素钢 - 纤维增强复合材料复合钢筋，就是采用模压成型、黏结、高压喷射、高温处理等工艺进行复合，表层为纤维增强复合材料，芯部为热轧钢筋的复合钢筋。

复合钢筋的基材主要是用于承受结构强度的热轧钢筋，分为光圆钢筋、带肋钢筋等种类。复合钢筋的覆层为纤维增强复合材料层。复合钢筋的复合界面就是复合钢筋基材与纤维增强复合材料覆层间的分界面。

根据屈服强度特征值，复合钢筋可以分为 300 级、400 级、500 级。根据表面形状，复合钢筋可以分为光圆复合钢筋（P）、带肋复合钢筋（R）。

2.7.2　复合钢筋牌号的构成及含义

2.7.2.1　热轧光圆 - 纤维增强复合材料复合钢筋

（1）牌号的构成、含义

$$HPB+ 屈服强度特征值 +FC$$

其中，HPB——热轧光圆复合钢筋的英文缩写；

F——纤维增强材料英文的首字母；

C——复合英文的首字母。

（2）覆层牌号

C——CFRP（碳纤维复合材料）；

G——GFRP（玻璃纤维复合材料）；

A——AFRP（芳纶纤维复合材料）；

B——BFRP（玄武岩纤维复合材料）。

2.7.2.2　热轧带肋 - 纤维增强复合材料复合钢筋

（1）牌号构成及含义

$$HRB+ 屈服强度特征值 +FC$$

或者

$$HRB+ 屈服强度特征值 +FCE$$

其中，HRB——热轧带肋复合钢筋的英文缩写；

　　　　F——纤维增强材料英文缩写的首字母；

　　　　C——复合英文缩写的首字母；

　　　　E——抗震英文的首字母。

（2）覆层牌号　与热轧光圆 - 纤维增强复合材料复合钢筋覆层牌号表示含义基本一样。

2.7.3　复合钢筋标注方法

复合钢筋标注方法如图 2-25 所示。

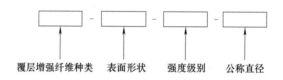

图 2-25　复合钢筋标注方法

例如 CR412，其标注图解如图 2-26 所示。

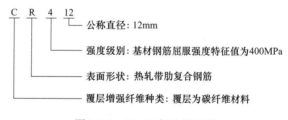

图 2-26　CR412 标注的识读

2.8　成型钢筋

2.8.1　成型钢筋基础知识

成型钢筋

基础知识

成型钢筋，也叫作成型钢筋制品，是根据规定尺寸、形状加工成型的一种非预应力钢筋制品。通俗地讲，成型钢筋不是原材原样运到工地的，而是在施工场地外加工好的钢筋。

混凝土结构用成型钢筋，往往包括成型钢筋、钢筋焊接网等。成型钢筋制品的类型如图 2-27 所示。

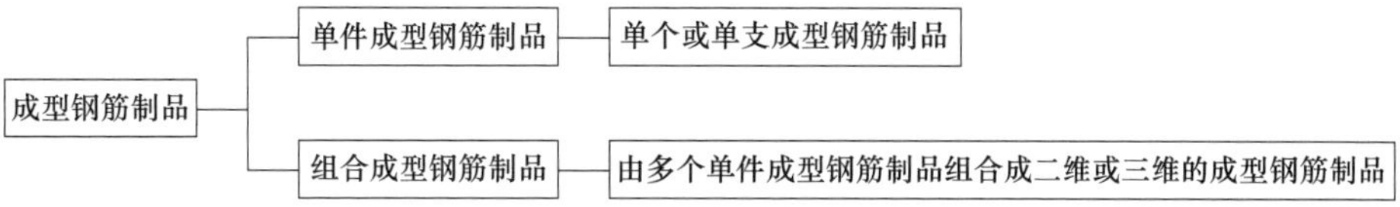

图 2-27　成型钢筋制品的类型

单件成型钢筋制品的标志如图 2-28 所示。组合成型钢筋制品的标志如图 2-29 所示。

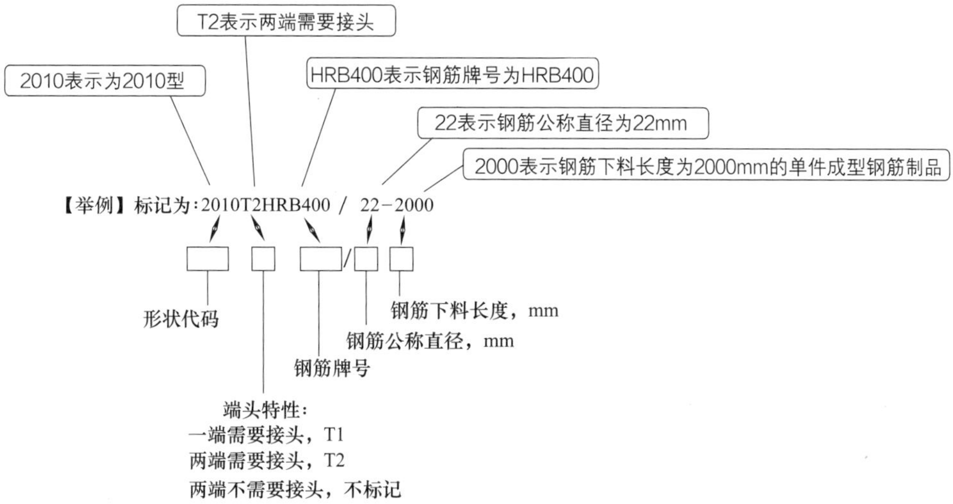

图 2-28　单件成型钢筋制品的标志

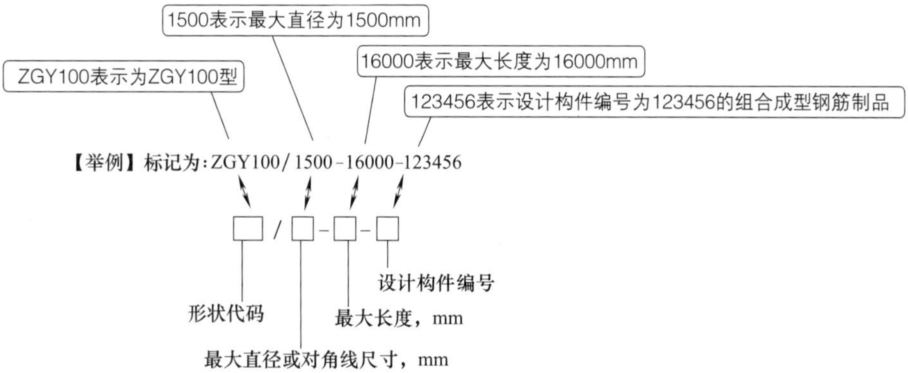

图 2-29　组合成型钢筋制品的标志

成型钢筋进行成型时，需要满足对钢筋原材的要求、加工要求、形状与尺寸要求、检验要求、包装要求、存储要求等。

成型钢筋制品允许尺寸偏差见表 2-7。

表 2-7 成型钢筋制品允许尺寸偏差

项　　目		允许偏差
弯折角度 /（°）		≤3
弯起钢筋的弯折位置 /mm		±20
箍筋内净尺寸 /mm		±5
调直直线度 /（mm/m）		≤4
调直切断长度 /mm		±5
纵向钢筋长度方向全长的净尺寸 /mm		±10
组合成型钢筋制品	主筋间距 /mm	±10
	箍筋间距 /mm	±20
	高度、宽度、直径 /mm	±5
	总长度 /mm	±25 或规定长度 0.5% 的较大值
闪光对焊封闭箍筋	接头处弯折角 /（°）	≤3
	接头处轴线偏移 /mm	≤2
	接头所在直线边直线度 /mm	≤5

组合成型钢筋制品的常见形状如图 2-30 所示。

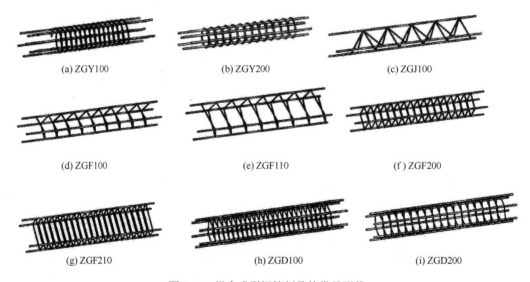

(a) ZGY100　　(b) ZGY200　　(c) ZGJ100

(d) ZGF100　　(e) ZGF110　　(f) ZGF200

(g) ZGF210　　(h) ZGD100　　(i) ZGD200

图 2-30 组合成型钢筋制品的常见形状

2.8.2 钢筋焊接网的基础知识

钢筋焊接网简称焊接网，是具有相同或不同直径的纵向、横向钢筋分别以一定间距垂直排列，全部交叉点均用电阻点焊焊在一起的钢筋网片。钢筋焊接网如图 2-31 所示。

单向焊接网就是纵向钢筋为受力钢筋，横向钢筋为构造钢筋的焊接网。

钢筋焊接网伸出长度是纵向、横向钢筋超出焊接网最外边的横向、纵向钢筋中心线的长度。

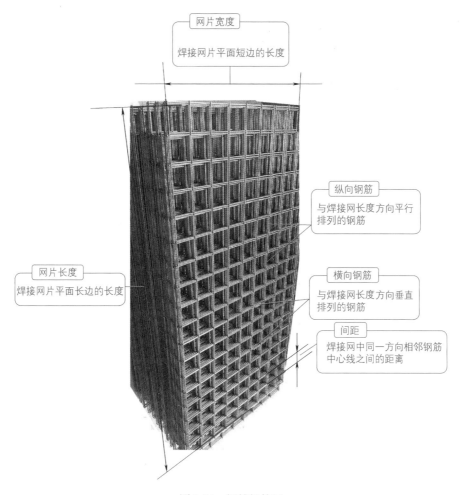

图 2-31　钢筋焊接网

钢筋焊接网一般采用 CRB550、CRB600H、HRB400、HRBF400、HRB500、HRBF500 钢筋。用于桥面保护层的焊接网，一般采用 CRB550、HRB400 等钢筋。

根据网孔尺寸、钢筋直径，钢筋焊接网可以分为定型焊接网、非定型焊接网，如图2-32所示。

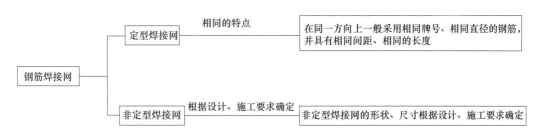

图 2-32　钢筋焊接网

2.8.3　钢筋焊接网的规格要求

钢筋焊接网可以采用的冷轧带肋钢筋、高延性冷轧带肋钢筋等。焊接网沿制作方向的钢筋间距，宜为 100mm、150mm、200mm 等，也可以采用 125mm、175mm 等。与制作方向垂直的钢筋间距，一般宜为 100 ~ 400mm，并且多为 10mm 的整倍数。

> **干货与提示**
>
> 钢筋焊接网长度一般不宜超过 12m，宽度一般不宜超过 3.3m。

2.8.4 焊接网钢筋强度标准值

钢筋焊接网的钢筋强度标准值 f_{yk}，一般要求具有不小于 95％的保证率，可以根据表 2-8 来采用。

表 2-8 焊接网的钢筋强度标准值

钢筋牌号	符号	钢筋公称直径 /mm	f_{yk}/（N/mm^2）
CRB550	Φ^R	5 ~ 12	500
CRB600H	Φ^{RH}	5 ~ 12	520
HRB400	Φ		400
HRBF400	Φ^F		400
HRB500	Φ	6 ~ 18	500
HRBF500	Φ^F		500
CPB550	Φ^{CP}	5 ~ 12	500

注：f_{yk} 表示焊接网钢筋强度标准值。

2.8.5 焊接网钢筋的抗拉强度设计值、抗压强度设计值

焊接网钢筋的抗拉强度设计值、抗压强度设计值见表 2-9。作受剪、受扭、受冲切承载力计算时，箍筋的抗拉强度设计值大于 360N/mm^2 时应取 360N/mm^2。

表 2-9 焊接网钢筋的抗拉强度设计值与抗压强度设计值

钢筋牌号	符号	f_y/（N/mm^2）	f_y'/（N/mm^2）
CRB550	Φ^R	400	380
CRB600H	Φ^{RH}	415	380
CPB550	Φ^{CP}	360	360
HRB400	Φ	360	360
HRBF400	Φ^F	360	360
HRB500	Φ	435	410
HRBF500	Φ^F	435	410

2.8.6　焊接网钢筋弹性模量的要求

焊接网钢筋的弹性模量要求见表 2-10。

表 2-10　焊接网钢筋的弹性模量要求

钢筋牌号	$E_s/（N/mm^2）$
CRB550、CRB600H	1.9×10^5
CPB550	2.0×10^5
HRB400、HRBF400、HRB500、HRBF500	2.0×10^5

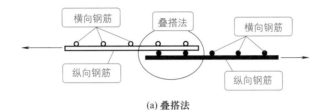

(a) 叠搭法

一张焊接网叠在另一张焊接网上搭接

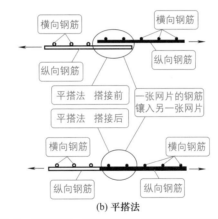

(b) 平搭法

一张焊接网的钢筋镶入另一张焊接网，使两张焊接网的纵向与横向钢筋各自在同一平面内搭接

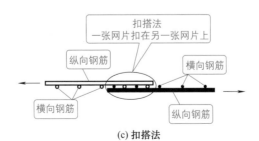

(c) 扣搭法

一张焊接网扣在另一张焊接网上，使横向钢筋在同一平面内、纵向钢筋在两个不同平面内

图 2-33　焊接网的搭接方法

2.8.7 焊接网的搭接与种类

焊接网的搭接，就是在混凝土结构构件中，当焊接网长度或宽度不够时，根据规定的长度把两张焊接网互相叠合或镶入而形成的连接。

焊接网的搭接方法有叠搭法、平搭法、扣搭法，如图 2-33 所示。

焊接网的种类包括焊接箍筋笼、钢筋桁架、面网、底网等。其中，焊接箍筋笼是将焊接网用弯折机弯成设计形状尺寸形成的焊接箍筋骨架；钢筋桁架是由一根上弦钢筋、两根下弦钢筋与两侧腹杆钢筋经电阻焊焊接成截面为倒"V"字形的钢筋焊接骨架。

焊接箍筋笼，又分为梁用焊接箍筋笼、柱用焊接箍筋笼，如图 2-34 所示。

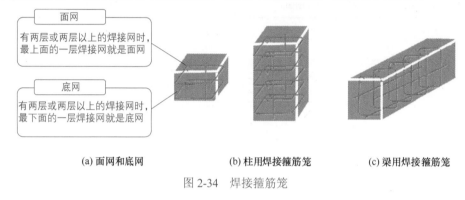

(a) 面网和底网 (b) 柱用焊接箍筋笼 (c) 梁用焊接箍筋笼

图 2-34 焊接箍筋笼

2.9 混凝土用预应力筋

2.9.1 无黏结预应力钢绞线

无黏结预应力钢绞线，就是表面涂敷防腐润滑涂层，外包护套，与护套间可以永久相对滑动的一种预应力钢绞线。

无黏结预应力钢绞线的标记，一般是由产品名称代号、钢绞线的公称直径、钢绞线的公称抗拉强度、标准号等组成，如图 2-35 所示。

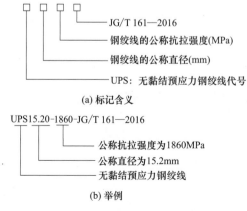

图 2-35 无黏结预应力钢绞线的标记

无黏结预应力钢绞线的主要规格、性能见表 2-11。

表 2-11 无黏结预应力钢绞线的主要规格、性能

钢绞线			防腐润滑脂的含量 / (g/m)	护套厚度 /mm	κ	μ
公称直径 /mm	公称横截面积 /mm²	公称抗拉强度 /MPa				
9.5	54.8	1720	≥ 32	≥ 1	≤ 0.004	≤ 0.09
		1860				
		1960				
12.7	98.7	1720	≥ 43	≥ 1	≤ 0.004	≤ 0.09
		1860				
		1960				
15.2	140	1720	≥ 50	≥ 1	≤ 0.004	≤ 0.09
		1860				
		1960				
15.7	150	1720	≥ 53	≥ 1	≤ 0.004	≤ 0.09
		1860				
		1960				

注：κ 为无黏结预应力钢绞线护套壁（每米）局部偏差对摩擦的影响系数。μ 为无黏结预应力钢绞线中钢绞线与护套壁间的摩擦系数。

2.9.2 预应力混凝土用螺纹钢筋

预应力混凝土用螺纹钢筋一般以屈服强度来划分级别，用代号"PSB"＋相应的屈服强度最小值来表示。

预应力混凝土用螺纹钢筋公称直径范围一般为 15 ～ 75mm，其公称截面积与理论重量见表 2-12。

表 2-12 预应力混凝土用螺纹钢筋公称截面积与理论重量

公称直径 /mm	公称截面积 /mm²	有效截面系数	理论截面面积 /mm²	理论重量 / (kg/m)
15	177	0.97	183.2	1.4
18	255	0.95	268.4	2.11
25	491	0.94	522.3	4.1
32	804	0.95	846.3	6.65
36	1018	0.95	1071.6	8.41
40	1257	0.95	1323.2	10.34
50	1963	0.95	2066.3	16.28
60	2827	0.95	2976	23.36
63.5	3167	0.94	3369.1	26.5
65	3318	0.95	3493	27.4
70	3848	0.95	4051	31.8
75	4418	0.94	4700	36.9

2.9.3 缓黏结预应力钢绞线

缓黏结预应力钢绞线，就是用缓黏结专用黏合剂、高密度聚乙烯护套涂敷的预应力钢绞线。

根据护套表面有无横肋，缓黏结预应力钢绞线可以分为带肋缓黏结预应力钢绞线（其代号为 RPSR）、无肋缓黏结预应力钢绞线（其代号为 RPSP）。

缓黏结预应力钢绞线的标记，一般由分类代号、技术特性、标准号等组成，如图 2-36 所示。

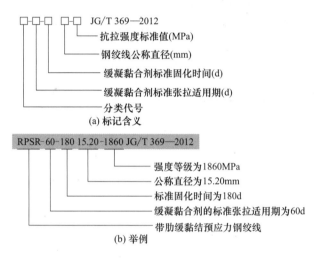

图 2-36　缓黏结预应力钢绞线的标记

2.10　马凳、钢筋连接用灌浆套管

马凳

2.10.1 马凳相关基础知识

马凳，也就是马凳筋、支撑钢筋。马凳筋主要用于上下两层板钢筋中间，起固定支撑上层板钢筋的作用。

马凳筋的设置，应符合够用、适度的原则，需要既能够满足要求，又节约资源。

马凳筋可以采用模具加工，常见的马凳筋外形如图 2-37 所示。

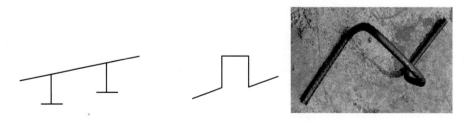

图 2-37　常见的马凳筋外形

基础厚度较大时（大于 800mm），不宜用马凳筋，而应采用支架更稳定、更牢固。板厚很小时，可以不配置马凳筋。

通常马凳筋的规格比板受力筋小一个级别，例如板筋直径为 $\phi12$，则可以采用直径为 $\phi10$ 的钢筋做马凳。当然，也可以采用与板筋相同的规格。

干货与提示

马凳筋的排列，可以按矩形陈列放置，也可以按梅花形陈列放置。一般是以矩形陈列放置的。放置的马凳筋方向一般需要一致。

2.10.2 钢筋连接用灌浆套筒的分类、型号与偏差要求

钢筋连接用灌浆套筒的分类见表 2-13。

表 2-13 钢筋连接用灌浆套筒的分类

分类方式	名 称	
结构形式	全灌浆套筒	整体式全灌浆套筒
		分体式全灌浆套筒
	半灌浆套筒	整体式半灌浆套筒
		分体式半灌浆套筒
加工方式	铸造成型	—
	机械加工成型	切削加工
		压力加工

钢筋连接用灌浆套筒型号的标注如图 2-38 所示。

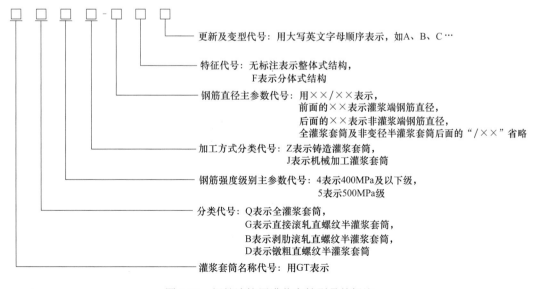

更新及变型代号：用大写英文字母顺序表示，如A、B、C…

特征代号：无标注表示整体式结构，
F表示分体式结构

钢筋直径主参数代号：用××/××表示，
前面的××表示灌浆端钢筋直径，
后面的××表示非灌浆端钢筋直径，
全灌浆套筒及非变径半灌浆套筒后面的"/××"省略

加工方式分类代号：Z表示铸造灌浆套筒，
J表示机械加工灌浆套筒

钢筋强度级别主参数代号：4表示400MPa及以下级，
5表示500MPa级

分类代号：Q表示全灌浆套筒，
G表示直接滚轧直螺纹半灌浆套筒，
B表示剥肋滚轧直螺纹半灌浆套筒，
D表示镦粗直螺纹半灌浆套筒

灌浆套筒名称代号：用GT表示

图 2-38 钢筋连接用灌浆套筒型号的标注

钢筋连接用灌浆套筒尺寸偏差的要求需要符合表 2-14 的规定。

表 2-14　钢筋连接用灌浆套筒尺寸偏差的要求

项目	灌浆套筒尺寸偏差					
	机械加工灌浆套筒			铸造灌浆套筒		
钢筋直径 /mm	10 ～ 20	22 ～ 32	36 ～ 40	10 ～ 20	22 ～ 32	36 ～ 40
内、外径允许偏差 /mm	±0.5	±0.6	±0.8	±0.8	±1.0	±1.5
壁厚允许偏差 /mm	±12.5%t 或 ±0.4 较大者取其中较大者			±0.8	±1.0	±1.2
直螺纹精度	GB/T 197 中 6H 级			GB/T 197 中 6H 级		
长度允许偏差 /mm	±1.0			±2.0		
最小内径允许偏差 /mm	±1.0			±1.5		
剪力槽两侧凸台顶部轴向宽度允许偏差 /mm	±1.0			±1.0		
剪力槽两侧凸台径向高度允许偏差 /mm	±1.0			±1.0		

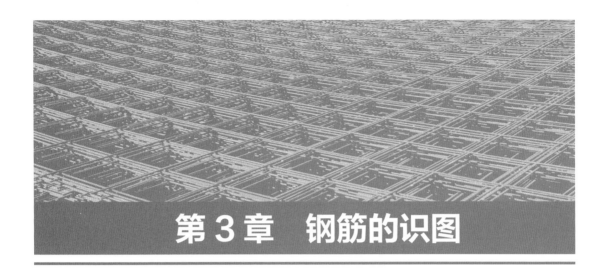

第3章　钢筋的识图

3.1　混凝土结构钢筋的一般表示法

3.1.1　普通钢筋的一般表示法

　　想要读懂钢筋图，则钢筋代号要知道、钢筋图例要懂得、钢筋画法要熟悉、钢筋标注要明白。其中，普通钢筋的一般表示方法如图 3-1 所示。常见普通钢筋符号与实物的对照如图 3-2 所示。

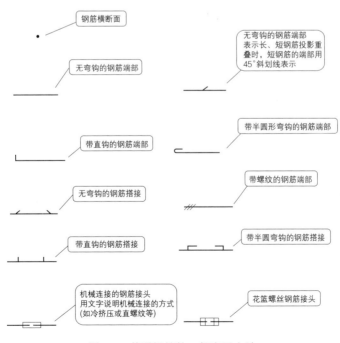

图 3-1　普通钢筋的一般表示方法

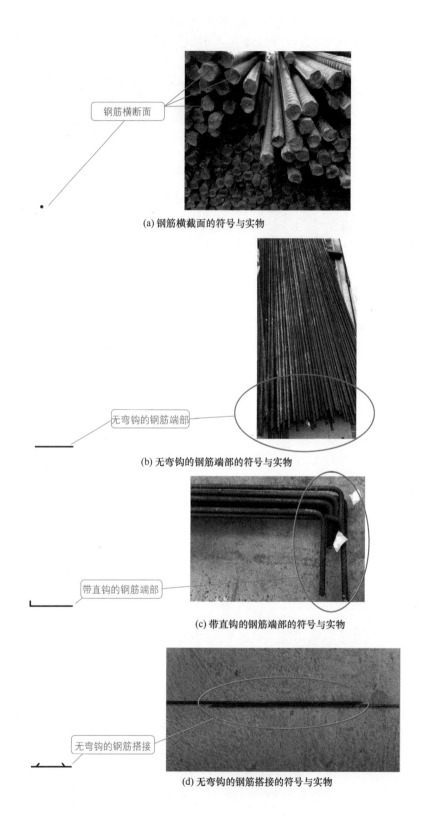

(a) 钢筋横截面的符号与实物

(b) 无弯钩的钢筋端部的符号与实物

(c) 带直钩的钢筋端部的符号与实物

(d) 无弯钩的钢筋搭接的符号与实物

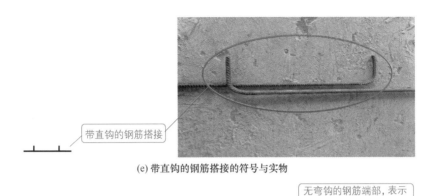

带直钩的钢筋搭接

(e) 带直钩的钢筋搭接的符号与实物

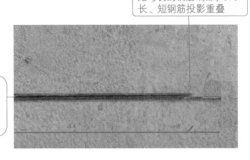

无弯钩的钢筋端部，表示长、短钢筋投影重叠

无弯钩的钢筋端部表示长、短钢筋投影重叠时，短钢筋的端部用45°斜划线表示

(f) 无弯钩的钢筋端部表示长、短钢筋投影重叠的符号与实物

带螺纹的钢筋端部

(g) 带螺纹的钢筋端部表示符号与实物情况的对照

机械连接的钢筋接头

机械连接的钢筋接头用文字说明机械连接的方式(如冷挤压或直螺纹等)

(h) 钢筋机械连接接头表示符号与实物情况的对照

图 3-2

(i) 带半圆形弯钩钢筋端部符号与实物情况的对照

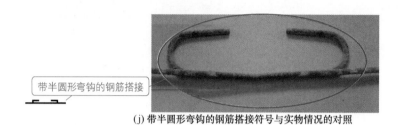

(j) 带半圆形弯钩的钢筋搭接符号与实物情况的对照

图 3-2 常见普通钢筋符号与实物的对照

3.1.2 预应力钢筋的表示方法

预应力钢筋的表示方法如图 3-3 所示。

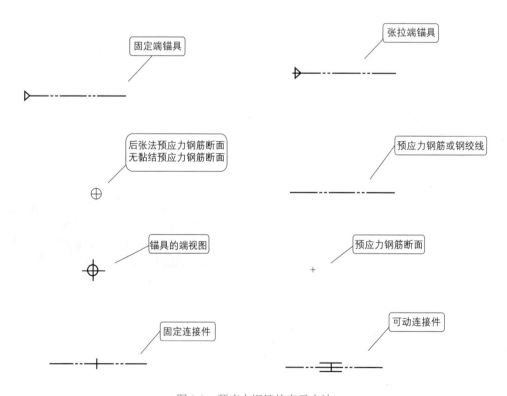

图 3-3 预应力钢筋的表示方法

3.1.3　钢筋网片的表示方法

钢筋网片的表示方法如图 3-4 所示。

图 3-4　钢筋网片的表示方法

3.1.4　钢筋焊接接头的表示方法

钢筋焊接接头的表示方法见表 3-1。

钢筋焊接接头
的表示方法

表 3-1　钢筋焊接接头的表示方法

接头形式	标注方法	名称
		单面焊接的钢筋接头
		双面焊接的钢筋接头
		用帮条单面焊接的钢筋接头
		用帮条双面焊接的钢筋接头
		接触对焊的钢筋接头（闪光焊、压力焊）
		坡口平焊的钢筋接头
		用角钢或扁钢做连接板焊接的钢筋接头
		钢筋或螺（锚）栓与钢板穿孔塞焊的接头
		坡口立焊的钢筋接头

接触对焊焊接接头的表示方法与实物情况的对照如图 3-5 所示。
单面焊的表示方法与实物情况的对照如图 3-6 所示。

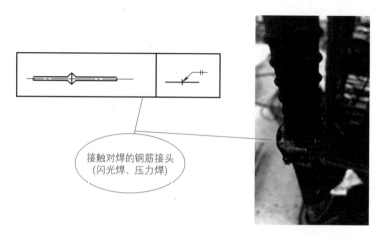

图 3-5　接触对焊焊接接头的表示方法与实物情况的对照

(a) 实例

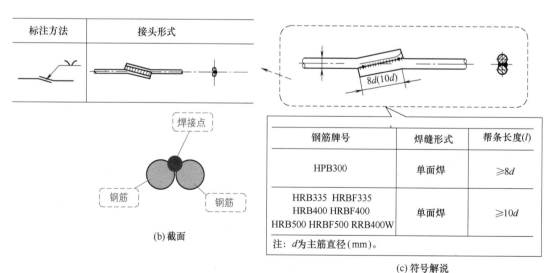

钢筋牌号	焊缝形式	帮条长度(l)
HPB300	单面焊	≥8d
HRB335　HRBF335 HRB400　HRBF400 HRB500　HRBF500　RRB400W	单面焊	≥10d

注：d为主筋直径(mm)。

(c) 符号解说

图 3-6　单面焊的表示方法与实物情况的对照

双面焊的表示方法与实物情况的对照如图 3-7 所示。

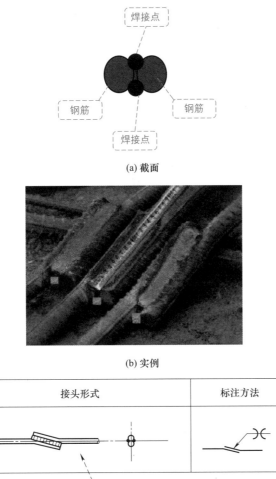

(a) 截面

(b) 实例

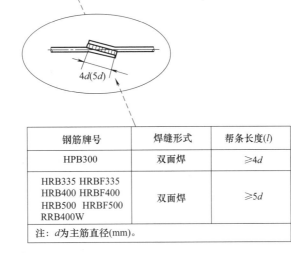

钢筋牌号	焊缝形式	帮条长度(l)
HPB300	双面焊	≥$4d$
HRB335 HRBF335 HRB400 HRBF400 HRB500 HRBF500 RRB400W	双面焊	≥$5d$
注：d 为主筋直径(mm)。		

(c) 符号解说

图 3-7　双面焊的表示方法与实物情况的对照

3.2 钢筋画法的要求

钢筋画法的
基本要求

3.2.1 钢筋画法的基本要求

钢筋画法的基本要求如图 3-8 所示。

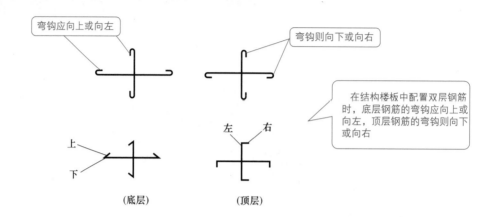

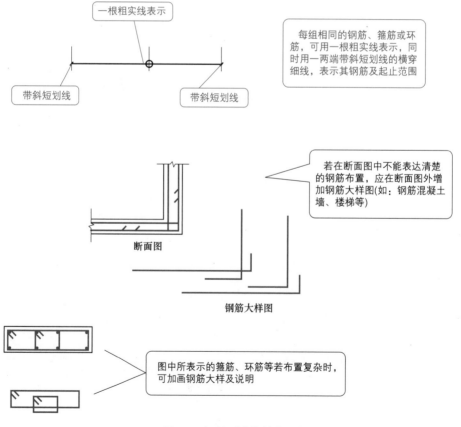

图 3-8 钢筋画法的基本要求

记忆技巧

底层弯钩上与左（底上左），顶层弯钩下与右（顶下右）；远面弯钩上与左（远上左），近面弯钩下与右（近下右），如图 3-9 所示。

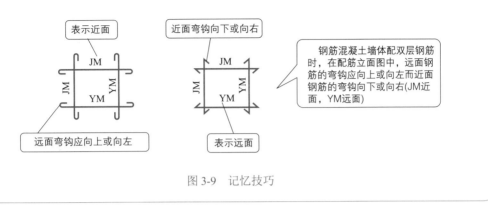

图 3-9　记忆技巧

3.2.2　钢筋在平面中的表示要求

钢筋在平面中的表示要求

钢筋在平面的表示方法，需要符合以下一些规定。

① 钢筋在平面图中的配置，一般可以根据图 3-10 所示的方法来表示。当钢筋标注的位置不够时，可以采用引出线来标注。引出线标注钢筋的斜短划线，一般为中实线或者细实线。

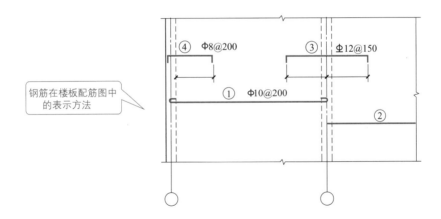

图 3-10　钢筋在平面图中配置的一般表示方法

② 构件布置较简单时，结构平面布置图也可以与板配筋平面图合并进行绘制。
③ 平面图中的钢筋配置较复杂时，也可采用图 3-11 的方法绘制。

3.2.3　钢筋在立面、剖（断）面中的表示要求

钢筋在梁纵断面图、横断面图中的配置表示如图 3-12 所示。

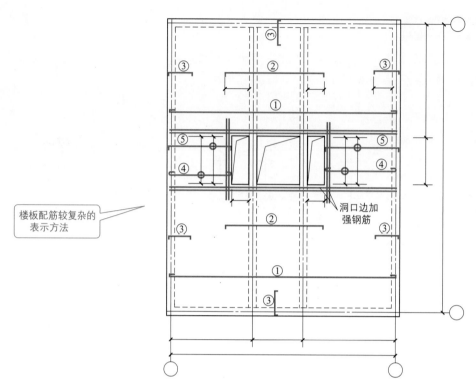

图 3-11　平面图中的钢筋配置较复杂时的表示方法

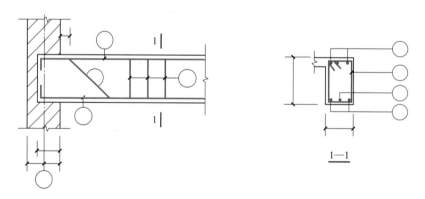

图 3-12　钢筋在梁纵、横断面图中的配置表示

3.2.4　构件配筋图中箍筋的长度尺寸表示

构件配筋图中箍筋的长度尺寸表示，一般是指箍筋的里皮尺寸。弯起钢筋的高度尺寸，一般是指钢筋的外皮尺寸，如图 3-13 所示。

3.2.5　混凝土结构钢筋的简化表示方法

当混凝土结构构件对称时，采用详图绘制构件中的钢筋网片，绘制方法如图 3-14 所示。

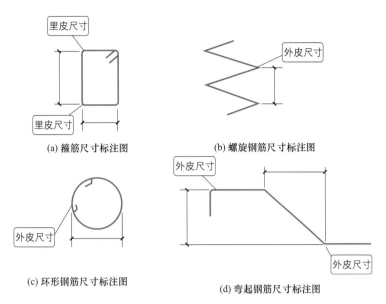

(a) 箍筋尺寸标注图　　　　(b) 螺旋钢筋尺寸标注图

(c) 环形钢筋尺寸标注图

(d) 弯起钢筋尺寸标注图

图 3-13　构件配筋图中箍筋的长度尺寸表示

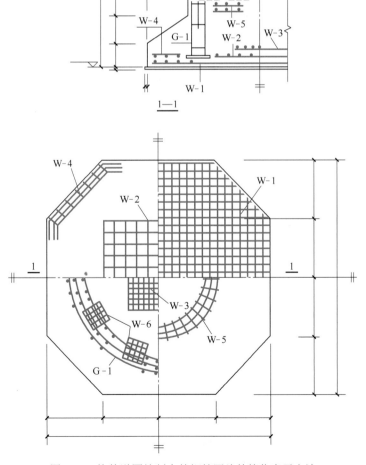

图 3-14　构件详图绘制中的钢筋网片的简化表示方法

3.2.6 配筋较简单的配筋平面图的表示方法

钢筋混凝土构件配筋较简单时，可根据以下规定绘制配筋平面图。

（1）独立基础　根据图 3-15 所示的规定在平面模板图左下角绘出波浪线，并且绘出钢筋，标注钢筋的直径、间距等。

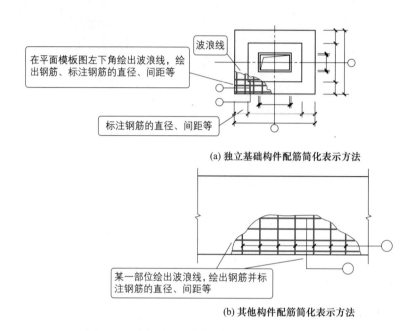

(a) 独立基础构件配筋简化表示方法

(b) 其他构件配筋简化表示方法

图 3-15　独立基础与其他构件配筋简化表示方法

（2）其他构件　在某一部位绘出波浪线，绘出钢筋并且标注钢筋的直径、间距等。

（3）对称的混凝土构件　在同一图样中一半表示模板，另一半表示配筋，如图 3-16 所示。

3.2.7 混凝土结构预埋件、预留孔洞的表示方法

在混凝土构件上设置预埋件时，可在平面图或立面图上表示，如图 3-17 所示。引出线一般是指向预埋件，并且标注预埋件的代号。

混凝土构件的正面、反面同一位置均设置相同的预埋件时，可根据图 3-18 所示方法绘制引出线。引出线一条为实线、一条为虚线，并且指向预埋件，同时在引出横线上标注预埋件的数量、代号。

混凝土构件的正面、反面同一位置设置编号不同的预埋件时，可根据图 3-19 所示方法引一条实线、一条虚线，并且指向预埋件。在引出横线上标注正面预埋件代号，引出横线下标注反面预埋件代号。

构件上设置预留孔、洞或预埋套管时，可根据图 3-20 所示方法在平面图、断面图中表示。图中引出线一般是指向预留（埋）位置，并且引出横线上方常标注预留孔、洞的尺寸，预埋套管外径等信息。横线下方常标注孔、洞（套管）的中心标高或者底标高。

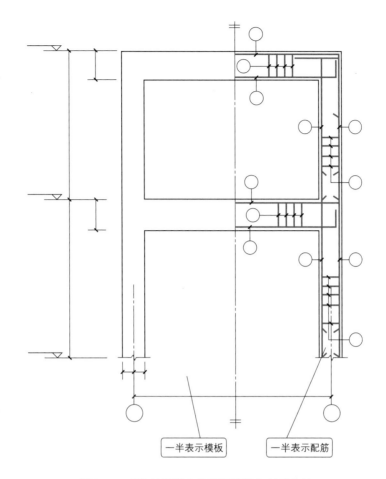

一半表示模板　　一半表示配筋

图 3-16　对称的混凝土构件配筋简化表示方法

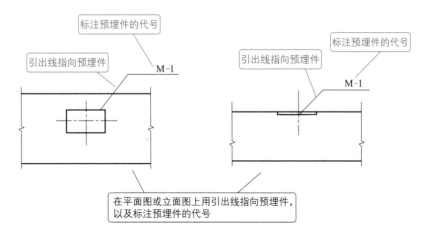

图 3-17　预埋件的表示方法

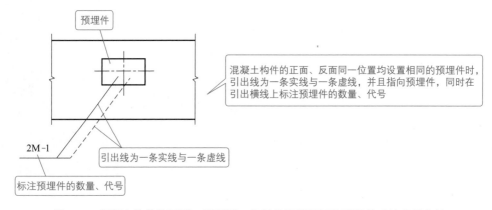

图 3-18　混凝土构件的正面、反面同一位置均设置相同的预埋件时的表示方法

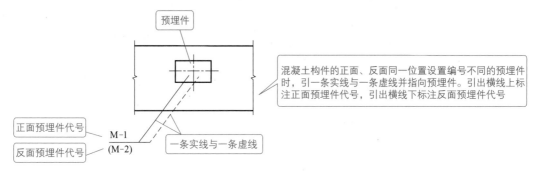

图 3-19　混凝土构件的正面、反面同一位置设置编号不同的预埋件时的表示方法

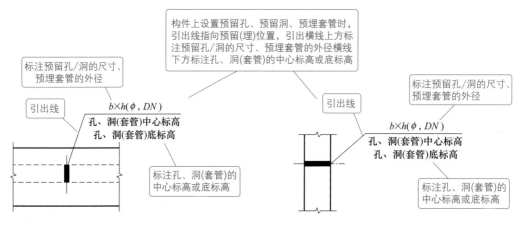

图 3-20　构件上设置预留孔、洞或预埋套管时的表示方法

3.3　常用构件代号与标注

3.3.1　常用构件代号

常用构件代号见表 3-2。

表 3-2 常用构件代号

名称	代号	名称	代号	名称	代号
承台	CT	板	B	圈梁	QL
设备基础	SJ	屋面板	WB	过梁	GL
桩	ZH	空心板	KB	连系梁	LL
挡土墙	DQ	槽形板	CB	基础梁	JL
地沟	DG	折板	ZB	楼梯梁	TL
柱间支撑	ZC	密肋板	MB	框架梁	KL
垂直支撑	CC	楼梯板	TB	框支梁	KZL
水平支撑	SC	盖板或沟盖板	GB	屋面框架梁	WKL
梯	T	挡雨板或檐口板	YB	檩条	LT
雨篷	YP	吊车安全走道板	DB	屋架	WJ
阳台	YT	墙板	QB	托架	TJ
梁垫	LD	天沟板	TGB	天窗架	CJ
预埋件	M—	梁	L	框架	KJ
天窗端壁	TD	屋面梁	WL	钢架	GJ
钢筋网	W	吊车梁	DL	支架	ZJ
钢筋骨架	G	单轨吊车梁	DDL	柱	Z
基础	J	轨道连接	DGL	框架柱	KZ
暗柱	AZ	车挡	CD	构造柱	GZ

注：1. 预制混凝土构件，现浇混凝土构件、钢构件、木构件，一般可以采用本表构件代号。

2. 绘图中，除混凝土构件可以不注明材料代号外，其他材料的构件可在构件代号前加注材料代号，并在图纸中加以说明。预应力混凝土构件的代号，应在构件代号前加注"Y"。

3.3.2 钢筋、钢丝束、钢筋网片的标注要求

钢筋、钢丝束、钢筋网片标注的要求如下。

① 钢筋、钢丝束的说明，要求给出钢筋的代号、直径、数量、间距、编号、所在位置等信息，并且其说明通常应沿钢筋的长度标注，或者标注在相关钢筋的引出线上。

② 钢筋、杆件等编号的直径，采用 5 ~ 6mm 的细实线圆来表示，其编号可采用阿拉伯数字根据顺序来编写。如果是简单的构件，或是钢筋种类较少的情况，则图纸上也可以没有编号。

③ 钢筋网片的编号，可标注在对角线上。网片的数量，通常与网片的编号标注在一起。

3.3.3 文字注写混凝土结构构件的方法

以文字注写混凝土结构构件的要求如下。

① 现浇混凝土结构中，构件截面、配筋等数值，可以在图纸上采用文字注写的方式来表达。

② 根据结构层绘制的平面布置图，通常直接用文字表达各类构件的编号、断面尺寸、配筋、有关数值等信息。

③ 采用文字注写构件的尺寸、配筋等数值的图样，通常需绘制相应节点的做法、标准构造详图。

④ 对基础、楼梯、地下室结构等其他构件，当采用文字注写方式绘制图纸时，可采用在平面布置图上直接注写有关具体数值的方法，也可采用列表注写的方式来表示。

⑤ 重要构件、较复杂的构件，通常不采用文字注写方式来表达构件的截面尺寸、配筋等有关数值，而是采用绘制构件详图的表示方法。

混凝土剪力墙、混凝土梁、混凝土柱的构件构件注写方式见表 3-3。

表 3-3　混凝土剪力墙、混凝土梁、混凝土柱的构件注写方式

构件	注写方式	注写方式
混凝土剪力墙	列表注写	分别在剪力墙柱表、剪力墙身表、剪力墙梁表中，根据编号绘制截面配筋图，并且注写断面尺寸、配筋等内容
	截面注写	在平面布置图中根据编号，直接在墙柱、墙身、墙梁上注写断面尺寸、配筋等具体内容
混凝土梁	平面注写	在梁平面布置图中，分别在不同编号的梁中选择一个，直接注写编号、断面尺寸、跨数、配筋的具体数值，并注写相对高差等内容
	截面注写	在平面布置图中，分别在不同编号的梁中选择一个，用剖面号引出截面图形，在其上注写断面尺寸、配筋的具体数值等内容
混凝土柱	列表注写	列表注写方式，一般包括柱的编号、各段的起止标高、断面尺寸、配筋、断面形状、箍筋的类型等有关内容
	截面注写	在平面布置图中，选择同一编号的柱截面，直接在截面中引出断面尺寸、配筋的具体数值等内容，并绘制柱的起止高度表

3.3.4　钢筋的根数、直径的标注

钢筋的根数、直径的标注识读如图 3-21 所示。例如 3φ12，表示为 3 根直径 12mm 的 I 级钢筋。其中，俗称的 I 级钢筋（300/420 级）；II 级钢筋（335/455 级）；III 级钢筋（400/540）和 IV 级钢筋（500/630）。

钢筋的根数、直径的标注举例如图 3-22 所示。

图 3-21　钢筋的根数、直径的标注识读

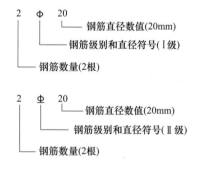

图 3-22　钢筋的根数、直径的标注举例

3.3.5 钢筋的种类、直径、相邻钢筋距离的标注

钢筋的种类、直径、相邻钢筋距离的标注如图 3-23 所示，举例如下。

Φ10@100——表示为直径 10mm 的Ⅰ级钢筋，相邻钢筋中心距离为 100mm 排列。

Φ10@150——表示为直径 10mm 的Ⅰ级钢筋，相邻钢筋中心距离为 150mm 排列。

3.3.6 钢筋的复合标注

钢筋的复合标注如图 3-24 所示。

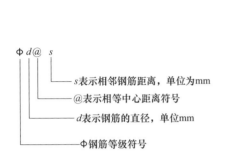

图 3-23 钢筋的种类、直径、相邻钢筋距离的标注

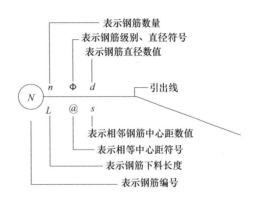

图 3-24 钢筋的复合标注

3.3.7 钢筋牌号种类与图纸符号的标注

钢筋牌号种类与图纸符号的标注如图 3-25 所示。

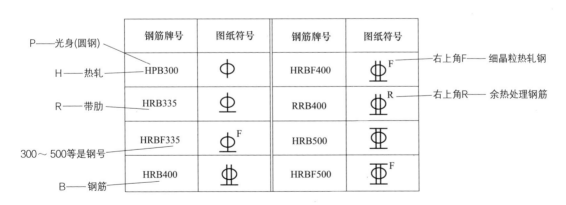

图 3-25 钢筋牌号种类与图纸符号的标注

3.3.8 箍筋的标注

箍筋的标注如Φ10@100/200（2），表示箍筋为直径 10mm 的Ⅰ级钢筋，加密区间距为 100mm，非加密区间距为 200mm，（2）表示全为双肢箍。箍筋的标注形式如图 3-26 所示，

其类似的表示可以参考本例灵活识读。

举例来说：φ10@100/200（4），表示箍筋为直径 10mm 的Ⅰ级钢筋，加密区间距为100mm，非加密区间距为200mm，（4）表示全为四肢箍。

图 3-26　箍筋的标注形式

φ8@200（2），表示箍筋为直径 8mm 的Ⅰ级钢筋，间距为 200mm，为双肢箍，识读图解如图 3-27 所示，其类似的表示可以参考灵活识读。

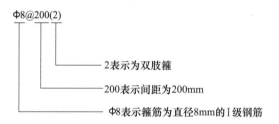

图 3-27　箍筋表示标注φ8@200（2）标注形式的识读

φ6@100（4）/150（2），表示箍筋为Ⅰ级钢筋，直径为 6mm，加密区间距为 100mm，四肢箍；非加密区间距为 150mm，双肢箍。

φ6@100（4）/150（2）的识读如图 3-28 所示。斜杠前面表示的是加密区箍筋间距，斜杠后面表示的是非加密区箍筋间距，后面括号里的数字表示的是箍筋肢数。

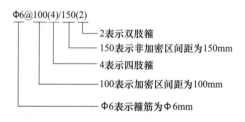

图 3-28　箍筋表示标注φ6@100（4）/150（2）标注形式的识读

3.3.9　梁上下主筋同时标注的识读

例如，"3φ25,5φ25"——逗号前表示梁上部钢筋为 3φ25,逗号后表示梁下部钢筋为5φ25。其中 3φ25 表示为 3 根直径为 25mm 的Ⅰ级钢筋。5φ25 表示为 5 根直径为 25mm的Ⅰ级钢筋。另外，有些图纸采用分号，而不是采用逗号。

"3φ25，5φ25"标注形式的识读图解如图 3-29 所示，其类似的表示可以参考图 3-29灵活识读。

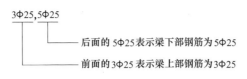

图 3-29　3Φ25，5Φ25 标注形式的识读

3.3.10　梁支座处上部钢筋的标注

2Φ25 标注形式表示两根直径为 25mm 的Ⅰ级钢筋，并且用于双肢箍，是否通长布置需要查看图纸集中标注等说明。2Φ25 标注梁支座处上部钢筋的识读图解如图 3-30 所示，其类似的表示可以参考灵活识读。

图 3-30　2Φ25 标注梁支座处上部钢筋的识读

2Φ22+2Φ22 的标注形式表示只有一排钢筋，一般情况下两根直径 22mm 的钢筋在角部通长布置，两根直径 22mm 的钢筋在中部仅在支座处布置。

6Φ25 4/2 的标注形式表示上部钢筋上排（即上部第一排）为 4Φ25（即为四根直径 25mm 的Ⅰ级钢筋），下排（即上部第二排）为 2Φ25（即为两根直径为 25mm 的钢筋）。6Φ25 4/2 标注形式梁支座处上部钢筋的识读如图 3-31 所示，其类似的表示可以参考灵活识读。

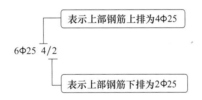

图 3-31　6Φ25 4/2 标注梁支座处上部钢筋的识读

2Φ22+（4Φ12）标注形式表示两根直径 22mm 的Ⅰ级钢筋（是否为通长布置，则需要参看集中标注等），括号里面的 4Φ12 表示为中间架立筋（是否为六肢箍，则需要参看集中标注，也可能为四肢箍），如图 3-32 所示。

图 3-32　2Φ22+（4Φ12）标注梁支座处上部钢筋的识读

3.3.11　梁腰中钢筋的标注

梁腰中钢筋的标注举例如下。

① N2φ22　表示梁两侧的抗扭钢筋，每侧一根φ22（即直径22mm的Ⅰ级钢筋）。

② N4φ18　表示梁两侧的抗扭钢筋，每侧两根φ18（即直径18mm的Ⅰ级钢筋）。

③ G2φ12　表示梁两侧的构造钢筋，每侧一根φ12（即直径12mm的Ⅰ级钢筋）。

④ G4φ14　表示梁两侧的构造钢筋，每侧两根φ14（即直径14mm的Ⅰ级钢筋）。

3.3.12　梁下部钢筋（标在梁的下部）的标注

梁下部钢筋（标在梁的下部）的标注举例如下。

① 4φ25　表示只有一排主筋，4φ25全部伸入支座内。

② 6φ25 2/4　表示有两排钢筋，上排筋为2φ25，下排筋为4φ25。

③ 6φ25（-2）/4　表示有两排钢筋，上排筋为2φ25，不伸入支座；下排筋为4φ25，全部伸入支座。

④ 2φ25+3φ22（-3）/5φ25　表示有两排筋，上排筋为5根。2φ25伸入支座，3φ22不伸入支座。下排筋5φ25，通长布置。

3.4　钢筋图的识读

3.4.1　梁钢筋图的识读

梁钢筋图的识读如图3-33所示。

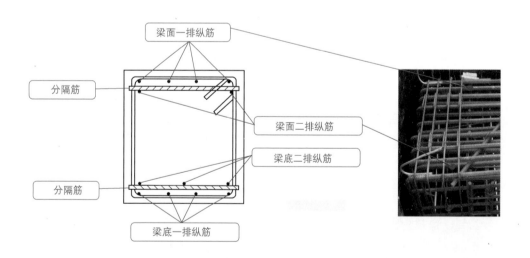

图3-33　梁钢筋图的识读

梁钢筋一排筋与二排筋如果采用分隔筋隔开，则分隔筋直径≥主筋直径或25mm。梁分隔筋应在距支座边 500mm 设置一道，然后中间每隔 3m 再设置一道。

3.4.2　钢筋平法图的识读

钢筋平法，就是混凝土结构施工图平面整体表示方法的简称。要想提高识图能力，就需要能够迅速建立起构件、建筑物等的空间印象及每个细部的特点。

平法图剪力墙构件的编号规则见表 3-4。

表 3-4　平法图剪力墙构件的编号规则

	构件	代号	序号		构件	代号	序号	跨数及是否带有悬挑
柱	框架柱	KZ	××	梁	楼层框架梁	KL	××	（××）、（××A）或（××B）
	转换柱	ZHZ	××		楼层框架扁梁	KBL	××	（××）、（××A）或（××B）
	芯柱	XZ	××		屋面框架梁	WKL	××	（××）、（××A）或（××B）
	梁上柱	LZ	××		框支梁	KZL	××	（××）、（××A）或（××B）
	剪力墙上柱	QZ	××		托柱转换梁	TZL	××	（××）、（××A）或（××B）
墙柱	约束边缘构件	YBZ	××		非框架梁	L	××	（××）、（××A）或（××B）
	构造边缘构件	GBZ	××		悬挑梁	XL	××	（××）、（××A）或（××B）
	非边缘暗柱	AZ	××		井字梁	JZL	××	（××）、（××A）或（××B）
	扶壁柱	FBZ	××		暗梁	AL	××	（××）、（××A）或（××B）
墙梁	连梁	LL	××	板块	楼面板	LB	××	
	连梁（对角暗撑配筋）	LL（JC）	××		屋面板	WB	××	
	连梁（交叉斜筋配筋）	LL（JX）	××		悬挑板	XB	××	
	连梁（集中对角斜筋配筋）	LL（DX）	××	板带	柱上板带	ZSB	××	（××）、（××A）或（××B）
	连梁（跨高比不小于 5）	LLk	××		跨中板带	KZB	××	（××）、（××A）或（××B）
	边框梁	BKL	××					

剪力墙平法洞口每边补强钢筋的表示：当矩形洞口的宽、高均不大于 800mm 时，标注为洞口每边补强钢筋的具体数值。当洞口的宽、高方向补强钢筋不一致，则分别标注洞口的宽、高方向补强钢筋，并且用"/"分隔。剪力墙平法洞口每边补强钢筋的表示如图 3-34 所示。

当矩形或者圆形洞口的洞宽或者直径＞800mm 时，在洞口上下需设置补强暗梁，此时应注写为洞口上下每边暗梁的纵筋与箍筋的具体数值（补强暗梁的梁高一般定为 400mm，如果梁高不是 400mm，则应另行标注）。当洞口上下为剪力墙的连梁时，则此项不标。

洞宽或者直径＞800mm 时的剪力墙平法洞口每边补强钢筋标注如图 3-35 所示。

当圆形洞口直径 300mm＜D＜800mm 时，则洞口上下左右每边布置的补强纵筋的具体数值、环向加强钢筋的具体数值标注如图 3-36 所示。

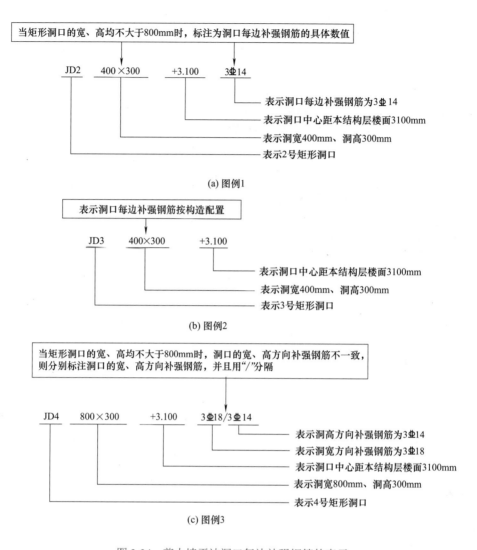

图 3-34　剪力墙平法洞口每边补强钢筋的表示

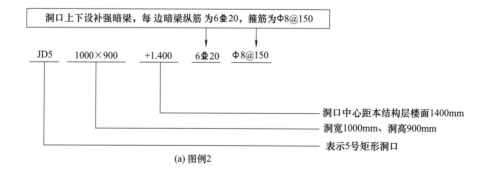

(b) 图例2

图 3-35　洞宽或者直径＞ 800mm 时的剪力墙平法洞口每边补强钢筋标注

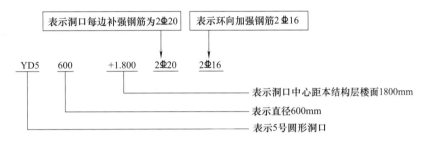

图 3-36　圆形洞口直径 300mm ＜ D ＜ 800mm 时的表示

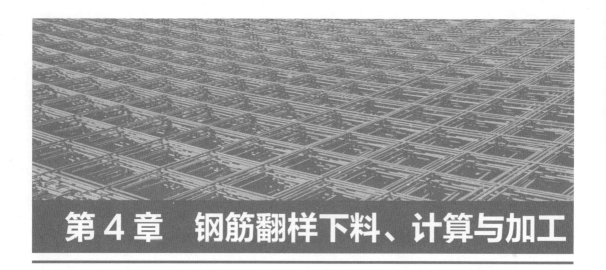

第4章 钢筋翻样下料、计算与加工

箍筋常见形式

4.1 钢筋的形式

4.1.1 箍筋常见形式

箍筋是用来满足斜截面抗剪强度，并且联结受力主筋、受压区混筋骨架的钢筋。箍筋的常见形式如图4-1所示。

梁板中箍筋主要形式有单肢箍筋、开口矩形箍筋、封闭矩形箍筋、菱形箍筋、多边形箍筋、井字形箍筋、圆形箍筋等。

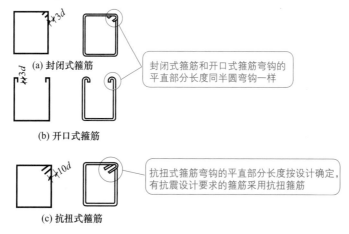

图 4-1 箍筋的常见形式

钢筋的弯钩
形式

4.1.2 钢筋的弯钩形式

钢筋的弯钩形式有半圆弯钩、直弯钩、斜弯钩等。其中，半圆弯钩是最常用的弯钩形式。钢筋的标准半圆弯钩如图4-2所示。

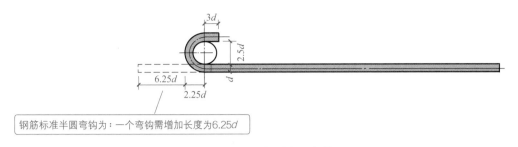

图 4-2 钢筋的标准半圆弯钩

d—钢筋直径

4.2 钢筋的切割与下料

钢筋切割与下料的基础知识

4.2.1 钢筋切割与下料的基础知识

4.2.1.1 钢筋的下料

从钢筋厂家运进施工现场的钢筋，往往是一根根长度相等、捆在一起的直线状态钢筋，也有圆盘条的钢筋。钢筋混凝土结构工程中，需要根据实际应用情况对钢筋进行切断、切割、弯曲、搭接、焊接、成型等操作。

钢筋下料，有时也叫作钢筋的配料，是根据施工图纸，分别计算出各根钢筋切断时的直线长度、根数，也就是下料长度、下料根数，再编号，填写配料单（或者钢筋配料表）等（如表 4-1 所示），以便申请钢筋的加工工作。

钢筋翻样，就是指施工技术人员根据相关图纸计算钢筋工料，列出钢筋详细加工清单、画出钢筋加工简图。其实，也就是完成钢筋配料单、下料单的相关工作。

钢筋进场下料、加工前，需要对钢筋进行进场检查。检查合格后，才能够进行后续的下料、加工。钢筋进场检查的内容与方法，可以参阅本书第 7 章有关内容，在此不再重述。

表 4-1 钢筋配料表 编号：

栋号： 部位：

构件名称	级别直径	钢筋简图	下料 /mm	根数件数	总根数	质量 /kg	备注
	Φ 22	330⌐ 6800 ⌐330	7370	4	4	87.85	
	Φ 8	1250 [350]	3340	22	22	29.02	
	Φ 8	1250 [150]	2940	22	22	25.55	
	Φ 8	850 [350]	2540	46	46	46.15	
	Φ 8	850 [150]	2140	46	46	38.88	

钢筋加工前，应按设计图纸根据不同构件编制钢筋配料单，以作为签发任务、钢筋领料、钢筋加工等的依据。钢筋配料单常包括的内容如下。

① 钢筋应用工程名称、混凝土结构部位。

② 钢筋品种、级别、规格及每件下料长度。

③ 钢筋形状简图、尺寸。

④ 钢筋单件根数、单件总根数，该工程使用总根数、总长度、总重量。

4.2.1.2 钢筋实际长度、下料长度

钢筋配料单中一般需要标出每根钢筋的下料长度。钢筋配料表中的钢筋下料长度一般是指下料时钢筋需要的实际长度，这与图纸上标注的长度并不完全一致。

钢筋量度尺寸（外包长度、图示长度）：是从图纸上看到的钢筋尺寸，相当于钢筋加工好后去量度的尺寸，也是钢筋的外包尺寸。

钢筋下料长度的计算是以钢筋弯折后其中心线长度不变为假设条件为前提进行的。也就是说，钢筋弯折后中心线长度不变，而外边缘变长、内边缘缩短、弯曲位置变为圆弧。因此，钢筋下料长度一般是指相应钢筋的中心线长。钢筋弯曲的特点如图4-3所示。

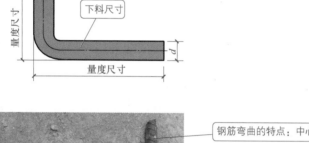

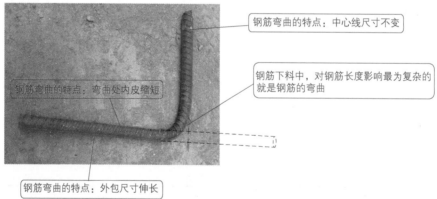

图 4-3　钢筋弯曲的特点

钢筋因弯曲、弯钩等情况会使其长度变化。因此，配料中不能直接根据图纸尺寸下料，需要了解钢筋弯钩等规定，然后根据量度尺寸计算钢筋的下料长度。

钢筋下料与图示尺寸的比较如图4-4所示。施工图中注明的钢筋尺寸一般是钢筋的外轮廓尺寸（即为钢筋的外皮尺寸、外包尺寸）。钢筋制备安装后，也是根据外包尺寸来验收的。钢筋在制备安装前，是根据直线下料。如果下料长度根据外包尺寸总和进行计算，则加工后钢筋的尺寸必然会大于设计要求的外包尺寸。为此，根据钢筋中心线长度来下料制备，才能使钢筋外包尺寸符合设计要求。

为了增强钢筋与混凝土的锚固，钢筋末端一般加工成弯钩形式，而弯钩对于钢筋下料尺寸影响很大。

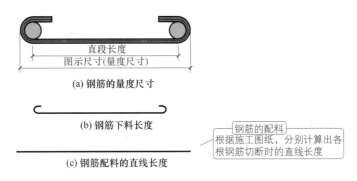

图 4-4　钢筋下料与图示尺寸的比较

如果根据钢筋外包尺寸下料、弯折，则会造成钢筋浪费，以及带来施工麻烦。例如不能放进模板、尺寸偏差大、引起保护层厚度不够等情况。

实际工程计算中，影响下料长度计算的因素很多，如：混凝土保护层厚度，钢筋弯折后发生的变形，图纸上钢筋尺寸标注方法的多样化，弯折钢筋的直径、级别、形状、弯心半径的大小以及端部弯钩的形状等。在进行钢筋下料长度计算时，这些因素都应该考虑进去。

利用公式进行长度计算和下料，则需要搞清楚公式中的每一项的具体数据与要求，才能准确得到整个钢筋的下料长度。

成型钢筋制品下料单样板如表 4-2 所示。

表 4-2　成型钢筋制品下料单样板

配料单编号：　　　　　　　　　　　　　　　　　　　　　　　　　　第　页 / 共　页

施工单位				工程名称					
供货单位				结构部位					
成型钢筋制品代码	钢筋牌号	规格 /mm	成型钢筋制品示意图	下料长度 /mm	每件根数	总根数	总长 /m	总重 /kg	备注

审核：　　　　　　　　　　　制表：　　　　　　　　　　　　　　　年　月　日

4.2.1.3　钢筋的切割

采用绑扎接头、帮条焊、单面（或双面）搭接焊的钢筋接头，一般宜采用机械切断机切割。当不具备机械切割条件或者加工量小时，可以选用其他安全可行的方式切割。

钢筋切口一般应平滑且与长度方向垂直。

干货与提示

钢筋压接下料时有时不宜用切断机，以免接头呈马蹄形而不能压接，宜用无齿锯锯断。

4.2.2　钢筋弯曲的调整值

　　钢筋弯曲调整值是指钢筋弯曲后钢筋外皮延伸的长度，也就是钢筋加工时，对钢筋不同角度的弯曲所产生的增长值。钢筋弯曲调整值，也叫作钢筋的量度差。

　　钢筋弯曲调整值的大小与钢筋直径、弯曲角度、弯心直径等因素有关。

　　钢筋弯曲后的特点：一是在弯曲的地方形成圆弧；二是钢筋内壁缩短、外壁伸长、轴线长度不变。钢筋弯曲后的特点如图4-5所示。

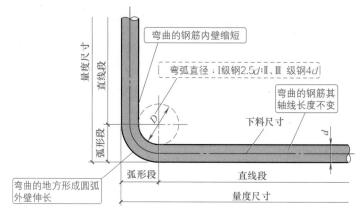

图4-5　钢筋弯曲后的特点

　　钢筋的量度方法是沿着直线量其外包尺寸。因此，弯起钢筋的量度尺寸会大于其下料尺寸，两者间的差值也就是常说的钢筋弯曲调整值。

　　钢筋弯曲调整值，包括了两个方面。其一，钢筋弯曲后几何变形致需要增加钢筋下料的长度值。其二，钢筋根据构造要求作不同角度弯曲变形而导致伸长的值，使得下料时需要减去该伸长值。

　　钢筋弯钩增加长度值是指在钢筋构造长度的基础上因钢筋弯钩需要增加钢筋下料的长度。

　　不同弯曲角度的钢筋参考调整值见表4-3。

表4-3　不同弯曲角度的钢筋参考调整值

弯曲角度 α	软件或规范调整值
30°	0.35d
45°	0.5d
60°	0.85d
90°	2d
120°	2.5d
135°	2.5d
150°	3d
180°	6.25d

　　如果计算不同弯曲角度的钢筋参考调整值，则需要了解有关换算公式。部分有关换算

公式及符号含义如图4-6所示。

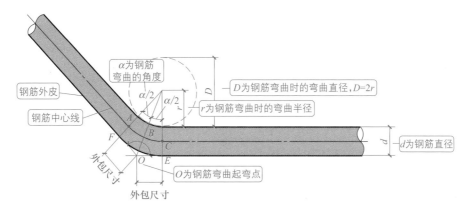

图 4-6　计算钢筋参考调整值部分有关换算公式及符号含义

公式对应的图中的量如下。

钢筋弯曲调整值 Δ= 外包尺寸长度 − 钢筋中心线弧长 $\overset{\frown}{ABC}$ =（FO+OE）− $\overset{\frown}{ABC}$
即

钢筋弯曲调整值 = 沿钢筋外皮量取的外包尺寸 − 钢筋中心线弧长

$$\tan\frac{\alpha}{2}=\frac{FO}{r+d}$$

$$FO=OE=(r+d)\times\tan\frac{\alpha}{2}$$

而
$$\overset{\frown}{ABC}_{弧长}=\frac{\pi}{360}\times2\times\left(r+\frac{d}{2}\right)\times\alpha=\frac{3.14\times2}{360}\times\left(r+\frac{d}{2}\right)\times\alpha$$

即
$$钢筋弯曲调整值=(r+d)\times\tan\left(\frac{\alpha}{2}\right)\times2-\frac{3.14\times2}{360}\times\left(r+\frac{d}{2}\right)\times\alpha$$

也就是只要知道或者已经提供了 D、d、r、α 这四个参数，然后根据公式计算就可以得出钢筋弯曲调整值。

弯曲调整值计算中，钢筋弧度与角度的换算公式如下：

即一度角对应的弧长是 0.01745r

$$1\ \mathrm{rad}=\frac{3.14\times r\times2}{360}=0.01745r$$

该公式的主要依据 360°的圆心角所对应的弧长与圆周长 $2\pi r$ 相等，其中 r 为圆半径。

弧度与角度的换算公式是根据弧长计算公式计算所得，为

$$L=qr$$

$$L=\frac{\alpha}{180}\pi r$$

式中　L——圆心角弧长；

　　　r——圆半径；

　　　α——圆心角度数，（°）；

　　　π——圆周率。

采用公式计算时，需要注意理论计算值与经验值会存在偏差，并且钢筋弯曲超过 90°后偏差会越来越大。其原因是理论计算中钢筋弯曲时的内皮、中心线、外皮组成的圆假定是为同心圆，实际中三者并不为同心圆。因此，钢筋弯曲调整值以经验值、软件规范提供的调整值为主。

4.2.3 钢筋弯钩的增加长度值

钢筋弯钩增加长度是指为了增加钢筋与混凝土的握裹力，在钢筋端部做弯钩时，弯钩相对于钢筋平直部分外包尺寸所增加的长度。

钢筋常见弯钩有 180°、135°、90°等。其中，180°弯钩常用于Ⅰ级钢筋；135°弯钩常用于Ⅱ级钢筋、Ⅲ级钢筋、有抗震要求的箍筋中；90°弯钩常用于柱立筋的下部、附加钢筋、无抗震要求的箍筋中。135°斜弯钩常用在直径较小的钢筋中。

钢筋弯弧内直径为 2.5d（Ⅱ、Ⅲ级钢筋为 4d）、平直部分为 3d 时，其弯钩增加长度的计算值分别为：180°半圆弯钩情况下的弯钩增加长度为 6.25d；135°斜弯钩情况下的弯钩增加长度为 4.9d；90°直弯钩情况下的弯钩增加长度为 3.5d。其中，d 表示为钢筋直径。具体图解如图 4-7 所示。

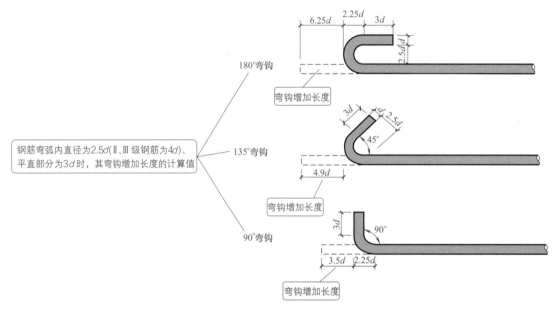

图 4-7　钢筋弯钩增加长度值

钢筋弯钩增加长度参考计算见表 4-4。

表 4-4　钢筋弯钩增加长度参考计算表

弯钩角度		180°	135°	90°
增加长度	Ⅰ级钢筋	6.25d	4.9d	3.5d
	Ⅱ级钢筋	—	x+2.9d	x+0.9d
	Ⅲ级钢筋	—	x+3.6d	x+1.2d

注：x 为钢筋平直部分；d 为钢筋直径。

335MPa 级、400MPa 级带肋钢筋，如果没有特别的相关说明，其锚固长度即说明足够，不用再考虑弯钩增加长度，一般也不用再考虑混凝土保护层厚度，直接考虑其锚固长度即可。

335MPa 级、400MPa 级带肋钢筋，如果需要做弯钩时，一般做 135°或 90°弯钩，内径 D 一般不小于 $4d$，弯钩平直段需要符合设计要求。由此可以计算出其弯钩增加长度。这样，也就可以算出 335MPa 级、400MPa 级带肋直钢筋的下料长度。

上面直接给出了有关钢筋弯钩增加长度的参考数值。弯钩增加长度的计算步骤如下所列。

了解计算步骤前，应掌握钢筋圆弧段弯曲直径的要求，如表 4-5、图 4-8 所示。

表 4-5　钢筋圆弧段弯曲直径的要求

弯曲部位	弯曲角度	形状图	钢筋种类	弯曲直径 D	平直部分长度
末端弯钩	180°		HPB 235 HPB 300	$\geqslant 2.5d$	$\geqslant 3d$
	135°		HRB 335	$\phi 8 \sim \phi 25$ $\geqslant 4d$	$\geqslant 5d$
			HRB 400	$\phi 28 \sim \phi 40$ $\geqslant 5d$	
	90°		HRB 335	$\phi 8 \sim \phi 25$ $\geqslant 4d$	$\geqslant 10d$
			HRB 400	$\phi 28 \sim \phi 40$ $\geqslant 5d$	
中间弯钩	90°以下		各类	$\geqslant 20d$	

注：d 为钢筋直径；D 为弯曲直径。

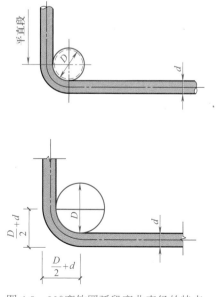

图 4-8　90°弯钩圆弧段弯曲直径的特点

光圆钢筋 HPB235、HPB300 末端 180°弯钩增加长度计算步骤如图 4-9 所示。135°弯钩增加长度计算步骤如图 4-10 所示。

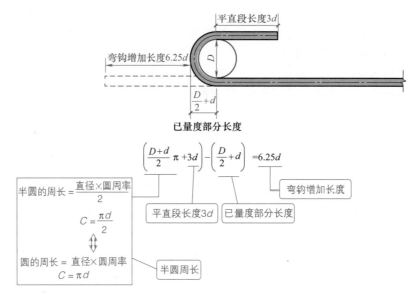

图 4-9　光圆钢筋 HPB235、HPB300 末端 180°弯钩增加长度计算步骤

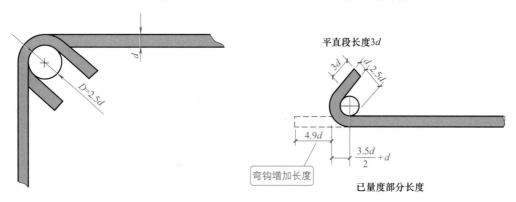

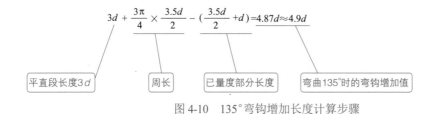

图 4-10　135°弯钩增加长度计算步骤

4.2.4　箍筋的弯钩增加长度值与调整值

4.2.4.1　箍筋的弯钩形式

箍筋弯钩形式，主要分为结构抗震时的弯钩形式、结构非抗震时的弯钩形式等类型。其中，结构抗震时，箍筋弯钩形式一般为 135°/135°或 90°/135°；结构非抗震时的箍筋弯钩

形式如图 4-11 所示。通常结构均考虑抗震，因此箍筋弯钩的形式主要是 135°/135°。弯钩形式 135°/135°通常是箍筋弯钩的默认形式。

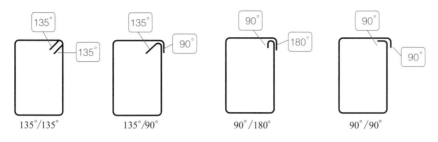

图 4-11　结构非抗震时的箍筋弯钩形式

箍筋弯钩平直部分的长度，非抗震结构情况与有抗震要求情况不同：非抗震结构情况下是箍筋直径的 5 倍；有抗震要求的结构是箍筋直径的 10 倍，并且不小于 75mm。

4.2.4.2　箍筋弯钩的增加长度

一个箍筋弯钩（Ⅰ级钢筋，直径 d）增加的长度参考见表 4-6。

表 4-6　一个箍筋弯钩（Ⅰ级钢筋，直径 d）增加的长度参考

类型	结构无抗震要求			结构有抗震要求		
箍筋弯钩形式	180°弯钩	135°弯钩	90°弯钩	180°弯钩	135°弯钩	90°弯钩
箍筋弯钩增加长度	8.25d	6.90d	5.50d	13.25d	11.90d	10.50d

135°箍筋弯钩增加长度的图解如图 4-12 所示。

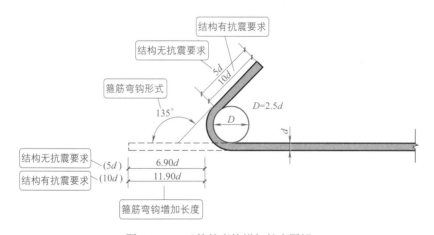

图 4-12　135°箍筋弯钩增加长度图解

箍筋与直钢筋端部弯钩增加量参考见表 4-7。

箍筋 90°/90°弯钩时，两个弯钩增长值为：$2 \times (0.285D+4.785d)$。当取 $D=2.5d$，平直长为 5d 时，则两个弯钩增加值大约为 11d。

箍筋 135°/135°弯钩时，两个弯钩增长值为：$2 \times (0.68D+5.18d)$。当取 $D=2.5d$，平直长为 10d 时，则两个弯钩增加值大约为 19d。

箍筋 90°/180°弯钩时，两个弯钩增长值为：$(1.07D+5.57d)+(0.285D+4.785d)=1.355D+10.355d$。当取 $D=2.5d$，平直长为 5d 时，则两个弯钩增加值大约为 14d。

表 4-7　箍筋与直钢筋端部弯钩增加量参考

钢筋类型	弯钩角度	端部弯钩增加量
直钢筋	180°	6.25d
	135°	7.89d
	90°	L[①]+3.5d
箍筋	180°（S 形单肢箍用）	8.25d
	135°	12.89d
	90°	6.21d

①L 为弯折平直段长度。

4.2.4.3　箍筋的调整值

箍筋的调整值是箍筋弯钩增加长度和弯曲调整值两项之差或者之和。箍筋调整值可以根据箍筋内皮尺寸或者外包尺寸来确定，具体如图 4-13 所示。

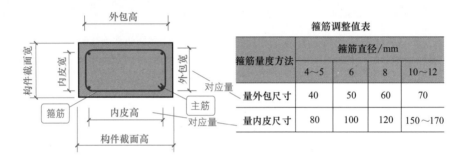

图 4-13　箍筋的调整值

箍筋调整值（量度差值）的计算公式（弯曲角度为 α，弯心直径为 D 时）为

$$量度差值 = 外包尺寸 - 中心线尺寸$$

其中

$$外包尺寸 = 2\left(\frac{D}{2}+d\right)\tan\left(\frac{\alpha}{2}\right)$$

$$中心线尺寸 = (D+d)\frac{\alpha}{360°}\pi$$

即

$$量度差值 = 2\left(\frac{D}{2}+d\right)\tan\left(\frac{\alpha}{2}\right) - (D+d)\frac{\alpha}{360°}\pi$$

4.2.4.4　箍筋的下料长度

箍筋下料长度参考计算公式为

$$箍筋下料长度 = 箍筋周长 + 箍筋调整值$$

公式中的箍筋周长，需要注意是箍筋外皮周长，还是内皮周长。为此需要了解箍筋的常用要求。

① 箍筋的末端须做弯钩，并且弯钩形式须符合设计要求。当设计无具体要求时，则应采用Ⅰ级钢筋或冷拔低碳钢丝制作的箍筋。

② 箍筋一般采用光圆钢筋，其弯弧内直径可取箍筋直径的 2.5 倍且不小于受力钢筋的直径。

③ 箍筋弯后平直部分长度：有抗震等要求的结构，可以取箍筋直径的 10 倍；一般结构可以取不小于箍筋直径的 5 倍。

④ 箍筋弯钩的弯折角度的考虑：有抗震要求的结构，箍筋弯钩的弯折角度应为 135°；一般结构箍筋弯钩的弯折角度不应小于 90°。

4.2.4.5　箍筋下料长度的经验值

箍筋下料长度也可以参考图 4-14 及以下的经验公式（公式仅供参考）。

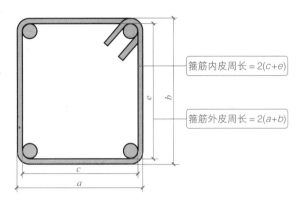

箍筋内皮周长 = 2(c+e)

箍筋外皮周长 = 2(a+b)

图 4-14　箍筋下料长度参考经验公式

（1）一般结构　135° 弯钩箍筋可根据箍筋内皮、外皮的周长，箍筋直径计算下料长度

$$135° 弯钩箍筋的下料长度 = 2(c+e)+16.5d$$

或

$$135° 弯钩箍筋的下料长度 = 2(a+b)+8.5d$$

式中　c，e——箍筋内皮宽、高，如图 4-14 所示；

a，b——箍筋外皮宽、高，如图 4-14 所示；

d——箍筋直径。

（2）抗震结构　135° 弯钩箍筋可根据箍筋内皮、外皮的周长，箍筋直径计算下料长度

$$135° 弯钩箍筋的下料长度 = 2(c+e)+26.5d$$

或

$$135° 弯钩箍筋的下料长度 = 2(a+b)+18.5d$$

式中　c，e——箍筋内皮宽、高，如图 4-14 所示；

a，b—— 箍筋外皮宽、高，如图 4-14 所示；

d—— 箍筋直径。

钢筋的下料长度还可以根据以下公式进行计算：

钢筋的下料长度 = 各段外包尺寸之和－弯曲处的量度差值 + 两端弯钩的增长值

箍筋下料长度还可以根据如下公式来计算：

$$L_G=L+\Delta_G-\Delta_W$$

式中　L_G——箍筋下料长度，mm；

L——箍筋直段长度总和，mm；

Δ_G——弯钩增加长度，mm；

Δ_W——弯曲调整值总和，mm。

4.2.5　弯起钢筋的弯曲增加长度

弯起钢筋是指混凝土结构构件的下部（或上部）纵向受拉钢筋，根据规定的部位、角度弯到构件上部（或下部）后满足锚固要求的钢筋。弯起钢筋是由纵向受力钢筋弯起而成的。

弯起钢筋的弯起角度一般有 30°、45°、60° 等。弯起钢筋的弯起增加值是指钢筋弯曲部分斜边长度与水平投影长度之间的差值，也就是表 4-8 中的 $s-l$。

表 4-8　弯起钢筋斜边长度与弯起增加值参考计算表

项目		弯起角度		
		30°	45°	60°
形状				
斜长 s		$2h$	$1.414h$	$1.155h$
计算法	水平长 l	$1.732h$	h	$0.577h$
	增加长度 $s-l$	$0.268h$	$0.414h$	$0.578h$
	说明	板用	梁高 $H < 0.8\mathrm{m}$ 时采用	梁高 $H \geqslant 0.8\mathrm{m}$ 时采用

注：表中的 h 为板厚或梁高减去板或梁两端保护层后的高度。

对于弯起钢筋，根据常用构件图示尺寸减去两端保护层后，再加上弯曲部分的增加长度，即可快速简便算出弯起钢筋的下料长度。

弯起钢筋下料长度参考计算公式为

弯起钢筋下料长度＝直段长度＋斜段长度－弯曲调整值＋弯钩增加长度＋钢筋搭接长度

公式中弯钩增加长度，可以根据上文（本书 4.2.4 节等有关内容）计算得出。

公式中钢筋搭接长度，可以根据图纸、规范、标准，或者掌握相关知识得到。

公式中弯曲调整值，可以根据弯曲调整值，就是钢筋弯曲处外包长度与弯曲处轴线长度之间的差值来确定，或者根据不同弯曲角度钢筋的参考调整值来确定。

公式中直段长度＋斜段长度，其实就是钢筋的外包长度，如图 4-15 所示。

弯起钢筋下料长度还可以根据以下公式来计算

$$L_{\mathrm{W}} = L_{\mathrm{a}} + L_{\mathrm{b}} - \varDelta_{\mathrm{W}} + \varDelta_{\mathrm{G}}$$

式中　L_{W} ——弯起钢筋下料长度，mm；

L_{a} ——直段长度，mm；

L_{b} ——斜段长度，mm；

$\varDelta_{\mathrm{G}}$ ——弯钩增加长度，mm；

$\varDelta_{\mathrm{W}}$ ——弯曲调整值总和，可以根据表 4-9 来确定。

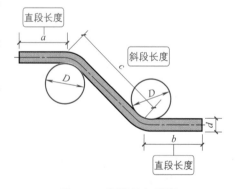

图 4-15　钢筋外包长度

表 4-9　单次弯曲调整值 Δ_W

钢筋用途	弯弧内直径	弯折角度 /（°）					
		30	45	60	90	135	180
HPB235、HPB300 级箍筋	$D=5d$	$0.305d$	$0.543d$	$0.9d$	$2.288d$	$2.831d$	$4.576d$
HPB235、HPB300 级主筋	$D=2.5d$	$0.29d$	$0.49d$	$0.765d$	$1.751d$	$2.24d$	$3.502d$
HRB335 级主筋	$D=4d$	$0.299d$	$0.522d$	$0.846d$	$2.073d$	$2.595d$	$4.146d$
HRB400 级主筋	$D=5d$	$0.305d$	$0.543d$	$0.9d$	$2.288d$	$2.831d$	$4.576d$
平法框架主筋	$D=8d$	$0.323d$	$0.608d$	$1.061d$	$2.931d$	$3.539d$	—
	$D=12d$	$0.348d$	$0.694d$	$1.276d$	$3.79d$	$4.484d$	—
	$D=16d$	$0.373d$	$0.78d$	$1.491d$	$4.648d$	$5.428d$	—
HPB235、HPB300 级主筋	$D=3.5d$	$0.296d$	$0.511d$	$0.819d$	$1.966d$	$2.477d$	$3.932d$

4.2.6　直钢筋的下料长度

直钢筋的下料长度参考计算公式为

$$L_Z=L_1-L_2+\Delta_G+L_3$$

式中　L_Z ——直钢筋下料长度，mm；

　　　L_1 ——构件长度，mm；

　　　L_2 ——保护层厚度，mm；

　　　Δ_G ——弯钩增加长度，mm；

　　　L_3 ——钢筋搭接长度，mm。

公式中的构件长度、保护层厚度、钢筋搭接长度均可以通过结构施工图纸、《混凝土结构工程施工质量验收规范》（GB 50204—2015）、16G101 图集得到相关数据。

公式中的弯钩增加长度需要经过计算得到。

没有考虑钢筋搭接长度的直钢筋下料长度参考计算公式为

$$L_Z = L_1-L_2+\Delta_G$$

式中　L_Z ——直钢筋下料长度，mm；

　　　L_1 ——构件长度，mm；

　　　L_2 ——保护层厚度，mm；

　　　Δ_G ——弯钩增加长度，可以根据表 4-10 来确定。

表 4-10　弯钩增加长度 Δ_G

弯钩角度 /（°）	HPB235、HPB 300 级钢筋 /mm						HRB335 级、HRB 400 级和 RRB400 级钢筋 /mm					
	弯弧内直径 $D=3d$		弯弧内直径 $D=5d$		弯弧内直径 $D=10d$		弯弧内直径 $D=3d$		弯弧内直径 $D=5d$		弯弧内直径 $D=10d$	
	单钩	双钩	单钩	双钩	单钩	双钩	单钩	双钩	单钩	双钩	单钩	双钩
90	$4.21d$	$8.42d$	$6.21d$	$12.42d$	$11.21d$	$22.42d$	$4.21d$	$8.42d$	$6.21d$	$12.42d$	$11.21d$	$22.42d$
135	$4.87d$	$9.74d$	$6.87d$	$13.74d$	$11.87d$	$23.74d$	$5.89d$	$11.78d$	$7.89d$	$15.78d$	$12.89d$	$25.78d$
180	$6.25d$	$12.50d$	$8.25d$	$16.50d$	$13.25d$	$26.50d$	—	—	—	—	—	—

注：D 为弯弧内直径；d 为钢筋原材公称直径。

4.2.7　直构件成型钢筋制品的下料长度

直构件成型钢筋制品下料长度的图例如图 4-16 所示。直构件成型钢筋制品下料长度的计算公式如下式所示。

$$L_Z = L - \Sigma c + \Sigma \Delta_G + \Sigma L_P$$

式中　L_Z ——直钢筋下料长度，mm；

　　　L ——混凝土构件长度，mm；

　　Σc ——弯钩端混凝土保护层厚度值之和，mm；

　$\Sigma \Delta_G$ ——多次弯钩增加长度之和，一次弯钩增加长度调整系数根据表 4-11 来确定；

　ΣL_P ——多次弯钩平直段长度之和，mm，取值应符合设计或相关标准要求。

实际计算中可能需要再考虑钢筋回弹量、加工影响等因素。其中，一次弯钩增加长度调整系数 Δc 见表 4-11。

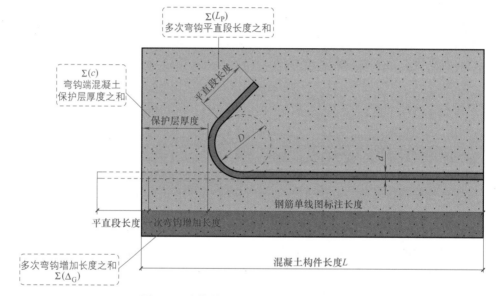

图 4-16　直构件成型钢筋制品下料长度图例

表 4-11　一次弯钩增加长度调整系数

弯钩角度	弯弧内直径					
	$D=2.5d$	$D=4d$	$D=6d$	$D=7d$	$D=12d$	$D=16d$
90°	0.5d	0.93d	1.5d	1.78d	3.21d	4.35d
135°	1.87d	2.89d	4.25d	4.92d	8.31d	11.03d
180°	3.25d	4.86d	7d	8.07d	13.42d	17.71d

注：D 为弯弧内直径；d 为钢筋原材公称直径。

4.2.8　成型钢筋制品的下料长度

成型钢筋制品下料长度，可以采用弯曲法来进行。成型钢筋制品外形尺寸为钢筋外皮

间的测量尺寸。成型钢筋制品下料长度计算公式为

$$L_W = \Sigma L_a + \Sigma L_b + \Sigma \Delta_W$$

式中　L_W——弯曲成型钢筋制品下料长度，mm；

　　　ΣL_a——直段外皮长度之和，mm；

　　　ΣL_b——斜段外皮长度之和，mm；

　　　Δ_W——多次弯曲调整值之和，mm，一次弯曲调整系数见表 4-12。

表 4-12　一次弯曲调整系数 Δ_W

弯弧内直径	弯折角度				
	30°	45°	60°	90°	135°
$D=2.5d$	$0.29d$	$0.49d$	$0.77d$	$1.75d$	$0.38d$
$D=4d$	$0.3d$	$0.52d$	$0.85d$	$2.08d$	$0.11d$
$D=6d$	$0.31d$	$0.56d$	$0.96d$	$2.51d$	$-0.25d$
$D=7d$	$0.32d$	$0.58d$	$1.01d$	$2.72d$	$-0.42d$
$D=12d$	$0.35d$	$0.69d$	$1.28d$	$3.8d$	$-1.31d$
$d=16d$	$0.37d$	$0.77d$	$1.50d$	$4.66d$	$-2.03d$

注：D 为弯弧内直径；d 为钢筋原材公称直径。

4.2.9　其他类型钢筋的下料长度

环形、螺旋形、抛物线形钢筋等其他类型钢筋下料长度根据如下参考公式来计算

$$L_Q = L_J + \Delta_G$$

式中　L_Q——环形、螺旋形、抛物线形钢筋等其他类型钢筋下料长度，mm；

　　　L_J——钢筋长度计算值，mm；

　　　Δ_G——弯钩增加长度，mm。

4.3　钢筋混凝土保护层厚度与钢筋的重量

4.3.1　钢筋混凝土保护层厚度

混凝土保护层，就是结构构件中钢筋外边缘到构件表面范围用于保护钢筋的混凝土，简称为保护层。

混凝土对钢筋的保护层厚度，是钢筋下料的影响因素之一。混凝土保护层，就是指从钢筋的外边缘到构件外表面之间的距离。混凝土对钢筋的最小保护层厚度需要符合设计图纸、规范等的要求。

受力钢筋的混凝土保护层厚度，需要符合设计要求。当设计无具体要求时，则不应小于受力钢筋的直径。

纵向受力的普通钢筋、预应力钢筋最低保护层厚度的环境要求见表 4-13。

表 4-13　纵向受力的普通钢筋、预应力钢筋最低保护层厚度的环境要求

环境类别	构件类型	混凝土强度	保护层厚度要求 /mm
室内正常环境	梁	≤C20	30
		C25～C45	25
		≥C50	25
	柱	≤C20	30
		C25～C45	30
		≥C50	30
	板、墙、壳	≤C20	20
		C25～C45	15
		≥C50	15
非寒冷地区露天环境	梁	≤C20	—
		C25～C45	30
		≥C50	30
	柱	≤C20	—
		C25～C45	30
		≥C50	30
	板、墙、壳	≤C20	—
		C25～C45	20
		≥C50	20

对于有垫层的基础，钢筋的最小保护层厚度应为 40mm；对于无垫层的基础，钢筋的最小保护层厚度应为 70mm。

4.3.2　钢筋的重量

钢筋下料时通常需要计算钢筋的重量。钢筋的重量的估计可根据以下经验数据计算：直径为 10mm 的钢筋，每米重量为 0.617kg；其他直径的钢筋，每米重量为直径（单位为 cm）的平方与 0.617 的乘积。

冷轧带肋钢筋二面肋与三面肋钢筋尺寸、重量、允许偏差的要求见表 4-14。

表 4-14　冷轧带肋钢筋二面肋与三面肋钢筋尺寸、重量、允许偏差的要求

公称直径 /mm	公称横截面面积 /mm²	重量		横肋中点高		横肋 $l/4$ 处高 /mm	横肋顶宽 /mm	横肋间距		相对肋面积不小于
		理论重量 /(kg/m)	允许偏差 /%	h/mm	允许偏差 /mm			l/mm	允许偏差 /%	
4.0	12.6	0.099	±4	0.30	+0.10 -0.05	0.24	0.2d	4.0	±15	0.036
4.5	15.9	0.125		0.32		0.26		4.0		0.039
5.0	19.6	0.154		0.32		0.26		4.0		0.039
5.5	23.7	0.186		0.40		0.32		5.0		0.039

公称直径 /mm	公称横截面面积 /mm²	重量		横肋中点高		横肋 l/4 处高 /mm	横肋顶宽 /mm	横肋间距		相对肋面积不小于
		理论重量 /(kg/m)	允许偏差 /%	h/mm	允许偏差 /mm			l/mm	允许偏差 /%	
6.0	28.3	0.222		0.40		0.32		5.0		0.039
6.5	33.2	0.261		0.46	+0.10 −0.05	0.37		5.0		0.045
7.0	38.5	0.302		0.46		0.37		5.0		0.045
7.5	44.2	0.347		0.55		0.44		6.0		0.045
8.0	50.3	0.395		0.55		0.44		6.0		0.045
8.5	56.7	0.445		0.55		0.44		7.0		0.045
9.0	63.6	0.499	±4	0.75		0.60	0.2d	7.0	±15	0.052
9.5	70.8	0.556		0.75		0.60		7.0		0.052
10.0	78.5	0.617		0.75	±0.10	0.60		7.0		0.052
10.5	86.5	0.679		0.75		0.60		7.4		0.052
11.0	95.0	0.746		0.85		0.68		7.4		0.056
11.5	103.8	0.815		0.95		0.76		8.4		0.056
12.0	113.1	0.888		0.95		0.76		8.4		0.056

注：横肋 l/4 处高、横肋顶宽供孔型设计用。二面肋钢筋允许有高度不大于 0.5h 的纵肋。

冷轧带肋钢筋四面肋钢筋尺寸、重量、允许偏差的要求见表 4-15。

表 4-15　冷轧带肋钢筋四面肋钢筋尺寸、重量、允许偏差的要求

公称直径 /mm	公称横截面面积 /mm²	重量		横肋中点高		横肋 l/4 处高 /mm	横肋顶宽	横肋间距		相对肋面积不小于
		理论重量 /(kg/m)	允许偏差 /%	h/mm	允许偏差 /mm			l/mm	允许偏差 /%	
6	28.3	0.222		0.39	+0.1 −0.05	0.28		5.0		0.039
7	38.5	0.302		0.45		0.32		5.3		0.045
8	50.3	0.395		0.52		0.36		5.7		0.045
9	63.6	0.499	±4	0.59		0.41	0.2d	6.1	±15	0.052
10	78.5	0.617		0.65	±0.1	0.45		6.5		0.052
11	95.0	0.746		0.72		0.50		6.8		0.056
12	113.0	0.888		0.78		0.54		7.2		0.056

注：横肋 l/4 处高、横肋顶宽供孔型设计用。

热轧带肋钢筋理论重量见表 4-16。

表 4-16　热轧带肋钢筋理论重量

公称直径 /mm	公称横截面面积 /mm²	理论重量 /(kg/m)
6	28.27	0.222
8	50.27	0.395
10	78.54	0.617

公称直径 /mm	公称横截面面积 /mm²	理论重量 /（kg/m）
12	113.1	0.888
14	153.9	1.21
16	201.1	1.58
18	254.5	2
20	314.2	2.47
22	380.1	2.98
25	490.9	3.85
28	615.8	4.83
32	804.2	6.31
36	1018	7.99
40	1257	9.87
50	1964	15.42

注：理论重量按密度为 7.85g/cm³ 计算。

热轧带肋钢筋实际重量与理论重量的允许偏差应符合表 4-17 的规定。

表 4-17　热轧带肋钢筋实际重量与理论重量的允许偏差

公称直径 /mm	实际重量与理论重量的偏差 /%
6 ～ 12	±6
14 ～ 20	±5
22 ～ 50	±4

热轧光圆钢筋的公称横截面面积与理论重量见表 4-18。

表 4-18　热轧光圆钢筋的公称横截面面积与理论重量

公称直径 /mm	公称横截面面积 /mm²	理论重量 /（kg/m）
6	28.27	0.222
8	50.27	0.395
10	78.54	0.617
12	113.1	0.888
14	153.9	1.21
16	201.1	1.58
18	254.5	2
20	314.2	2.47
22	380.1	2.98

注：表中理论重量按密度为 7.85g/cm³ 计算。

热轧光圆钢筋实际重量与理论重量的允许偏差应符合表 4-19 的规定。

表 4-19　热轧光圆钢筋实际重量与理论重量的允许偏差

公称直径 /mm	实际重量与理论重量的偏差 /%
6 ～ 12	±6
14 ～ 22	±5

4.3.3　钢筋工程量的计算

钢筋工程量的计算原理如图 4-17 所示。

钢筋重量 = 钢筋长度 × 根数 × 钢筋理论重量

↓

钢筋长度 = 净长 + 节点锚固长度 + 搭接长度 + 弯钩增加长度（Ⅰ级钢筋）

图 4-17　钢筋工程量的计算原理

影响钢筋计算的主要因素如图 4-18 所示。

图 4-18　影响钢筋计算的主要因素

钢筋工程量可由钢筋下料长度（m）和钢筋理论重量（kg/m）计算得到

钢筋工程量 = 钢筋下料长度 × 钢筋理论重量

钢筋下料长度 = 构件图示尺寸 − 混凝土保护层厚度 + 钢筋弯钩增加长度 +

钢筋弯起部分的增加长度 − 度量差 + 图中已经标明的搭接长度

$$钢筋理论重量 = 7.85 \times 10^3 \times \frac{\pi}{4} d^2 \times 10^{-6} \times 1 = 0.00617 d^2$$

式中　7.85×10^3 ——钢筋的计算密度，kg/m³；

d ——钢筋直径，mm。

公式计算得出的常用钢筋理论重量见表 4-20。

表 4-20　常用钢筋理论重量

钢筋直径 /mm	理论重量 /（kg/m）	钢筋直径 /mm	理论重量 /（kg/m）
4	0.099	16	1.578
6	0.222	18	1.998
6.5	0.260	20	2.466
8	0.395	22	2.984
10	0.617	25	3.853
12	0.888	28	4.837
14	1.208	30	5.553

干货与提示

圈梁兼作过梁时，过梁部分的钢筋需要按计算用量另行增配。

4.3.4 带肋钢筋焊接网纵向受拉钢筋锚固长度的计算

房屋建筑带肋钢筋焊接网纵向受拉钢筋的锚固长度的计算如图 4-19 所示。作为构造钢筋用的冷拔光面钢筋焊接网的锚固长度的计算如图 4-20 所示。

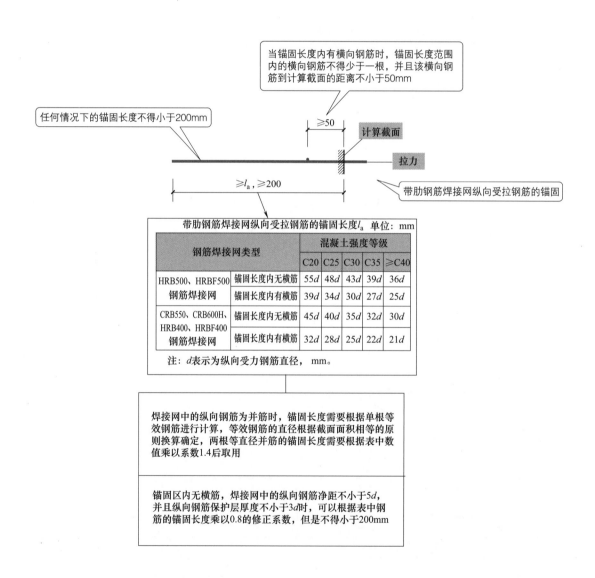

图 4-19　房屋建筑带肋钢筋焊接网纵向受拉钢筋的锚固长度的计算

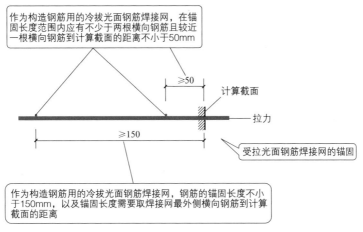

图 4-20　作为构造钢筋用的冷拔光面钢筋焊接网的锚固长度的计算

4.3.5　马凳筋根数、高度的计算

可以根据面积计算马凳筋的根数

$$马凳筋的根数 = \frac{板面积}{马凳筋横向间距 \times 纵向间距}$$

梁可以起到马凳筋的作用，所以估计马凳筋的个数时，应扣除起到马凳筋作用的梁的个数。电梯井、楼梯间、板洞部位无需马凳筋，则不应计算。

马凳筋高度的计算公式为

马凳筋高度 = 板厚 −2× 保护层 −Σ 上部板筋与板最下排钢筋直径之和

干货与提示

马凳筋不允许接触模板，以防马凳筋返锈。马凳筋的选择经验法如下。

当板厚 $h \leqslant 140mm$、板受力筋与分布筋 $\leqslant 10mm$ 时，马凳筋直径可以采用Φ8。

当 $140mm < 板厚 h \leqslant 200mm$、板受力筋 $\leqslant 12mm$ 时，马凳筋直径可以采用Φ10。

当 $200mm < 板厚 h \leqslant 300mm$ 时，马凳筋直径可以采用Φ12。

当 $300mm < 板厚 h \leqslant 500mm$ 时，马凳筋直径可以采用Φ14。

当 $500mm < 板厚 h \leqslant 700mm$ 时，马凳筋直径可以采用Φ16。

当板厚 $h > 800mm$ 时，最好采用钢筋支架或角钢支架。

4.4　钢筋下料顺序、下料单模板与下料实例

4.4.1　钢筋下料顺序

钢筋下料顺序，也就是钢筋配料顺序。钢筋下料顺序分为从整体上看与从具体构件上出发，如图 4-21 所示。

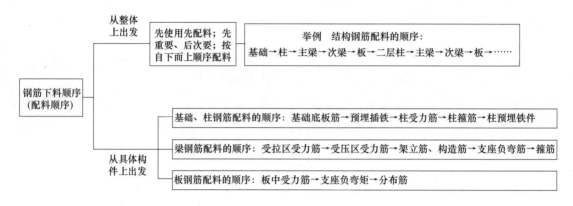

图 4-21　钢筋下料顺序

4.4.2　钢筋下料单参考模板

钢筋下料单参考模板如表 4-21～表 4-25 所示。

表 4-21　钢筋翻样配料单

工程名称：

工程部位：　　　　　　　　　　　　　　　　　日期：　　　　　　　　　　第　页　共　页

钢筋编号	规格	钢筋图形	断料长度/mm	根数	合计根数	总重/kg	备注
构件名称：		构件数量：					
构件位置：							
单根构件重量：		总重量：					
1							
2							
3							

表 4-22　钢筋用量明细表

工程名称：　　　　　　　　　　　　　　　　　　　　　　　　　　　　　　第　页
统计范围：　　　　　　　　　　　　　　　　　　　　　　　　　　　　　　共　页

使用部位	钢筋编号	钢筋规格	钢筋形状	断料长度/mm	每件根数	总计根数	总长/m	总重/kg	备注

表 4-23 钢筋配料单

工程名称：
施工单位：

构件编号											
钢筋编号	钢筋规格	间距/mm	钢筋起点/mm	钢筋形状	断料长度/mm	每件根数	总计根数	总长/m	总重/kg	备注	

表 4-24 钢筋形状统计明细表

工程名称： 钢筋总重（t）： 编制日期：

筋号	级别	直径	钢筋图形	总根数	单长/m	总长/m	单重/kg	总重/kg
1								
2								
3								

表 4-25 钢筋配料单

钢筋配料单									
项次	构件名称	钢筋编号	简图	直径/mm	钢号	下料长度/mm	单位根数	合计根数	重量/kg

4.4.3 钢筋下料实例

【例 4-1】 计算图 4-22 简图中钢筋的下料长度，取 $D=5d$。

②号筋Φ14

图 4-22 钢筋简图（一）

根据公式来进行计算

弯起钢筋下料长度＝直段长度＋斜段长度－弯曲调整值＋弯钩增加长度

计算时，可以每项一一对应确认好，然后综合计算得出结果。图解讲述如图 4-23 所示，需要注意的是不同弯曲度量值因取数值不同、精度不同会存在差异。另外，实际中还要考虑是否需要加入实际因素调整值。

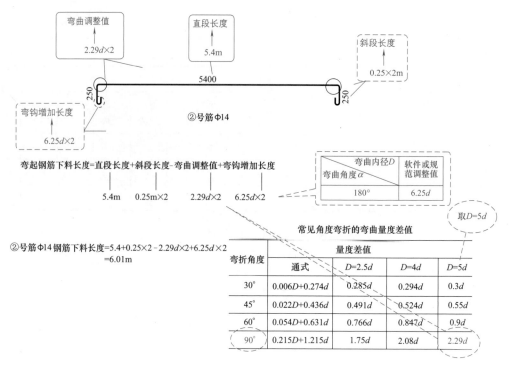

图 4-23　钢筋下料举例（一）

【例 4-2】 计算图 4-24 中钢筋的下料长度，取 $D=5d$。

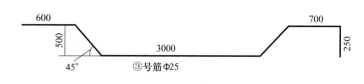

图 4-24　钢筋简图（二）

根据公式

弯起钢筋下料长度 = 直段长度 + 斜段长度 − 弯曲调整值 + 弯钩增加长度

具体每一项对应图解讲述如图 4-25 所示。

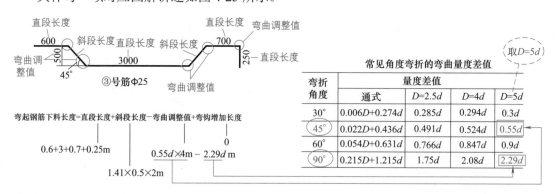

图 4-25　钢筋下料举例（二）

【例 4-3】 计算图 4-26 所示钢筋的下料长度，取 $D=5d$。

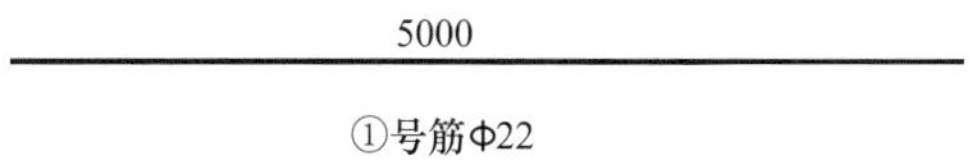

5000

①号筋Φ22

图 4-26　钢筋简图（三）

根据公式

直钢筋下料长度＝直段长度

该钢筋下料长度为 5000mm，即 5m。

计算实际详细配筋图中的钢筋下料单时，可以首先根据图纸确定使用了哪些功能、类型的钢筋，然后根据图纸确定具体钢筋的简图，并且明确简图上的尺寸与弯钩等内容，然后根据钢筋的简图计算钢筋的下料长度。

下料单上的单位根数、合计根数均可以通过识图来确定。下料单上的重量，则可以通过计算来确定。

4.5　钢筋的加工

4.5.1　钢筋加工的过程

实际工程项目中钢筋的加工，一般是在钢筋加工区以流水作业法进行的。钢筋加工的过程，一般为：钢筋调直→除锈→下料剪切→弯曲成型。钢筋的加工需要符合设计要求。

通常钢筋经加工后，再调运至作业区进行安装。

钢筋的除锈、调直、切断特点与要求如下。

4.5.1.1　钢筋的除锈

钢筋除锈主要是为保证钢筋与混凝土之间的握裹力，对严重锈蚀的钢筋需要进行除锈处理。

大量钢筋的除锈，可以通过钢筋调直机在调直过程中、钢筋冷拉过程中来完成。

少量的钢筋局部除锈，可以通过手工用钢丝刷除锈、砂盘除锈、喷砂除锈、酸洗除锈，以及采用电动除锈机除锈等方式进行。

4.5.1.2　钢筋的调直

钢筋的调直，可以采用调直机调直、卷扬机拉直等方法进行。

4.5.1.3　钢筋的切断

钢筋切断前，需要把同规格钢筋长短搭配好，统筹整体安排。钢筋切断时，一般是先切成型要的长料，后切成型要的短料，这样可以减少短头、减小损耗。

钢筋的切断，可以采用手动剪切器、钢筋切断机等器械或机械进行。

直螺纹用钢筋加工需要用专用直口钢筋切断机来切断。钢筋切断机一般用于切断直径 40mm 以下的钢筋。手动切断器一般用于切断直径小于 12mm 的钢筋。乙炔或电弧一般是用于割切或锯断直径大于 40mm 的钢筋。

钢筋的接头加工，需要根据所采用的钢筋接头方式要求来进行。钢筋端部在加工后存在不必要的弯曲时，需要矫直或割除。钢筋加工的端头面需要整齐，并与轴线垂直。钢筋加工半成品、成品等现场堆放有序，还需要有必要的标识。

4.5.2 钢筋弯曲成型的要求与检查

4.5.2.1 钢筋的弯曲成型

钢筋弯曲的顺序、步骤为：画线→试弯→弯曲成型。

画线，主要是根据不同的弯曲角在钢筋上标出弯折部位的位置，一般是以外包尺寸为依据，扣除弯曲量度的差值。弯曲形状复杂的钢筋，才应画线、放样后进行。

钢筋弯曲可以采用人工弯曲、机械弯曲（包括钢筋弯曲机、弯箍机等）等方法进行。

4.5.2.2 钢筋的弯曲要求与检查

钢筋弯折的弯弧内直径需要符合如下一些规定。

① 光圆钢筋弯弧内直径不应小于钢筋直径的 2.5 倍；335MPa 级、400MPa 级带肋钢筋弯弧内直径不应小于钢筋直径的 4 倍；直径为 28mm 以下 500MPa 级带肋钢筋弯弧内直径不应小于钢筋直径的 6 倍；直径为 28mm 及以上 500MPa 级带肋钢筋弯弧内直径不应小于钢筋直径的 7 倍。钢筋弯折的弯弧内直径要求如图 4-27 所示。

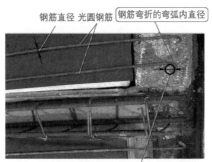

图 4-27 钢筋弯折的弯弧内直径要求

② 根据钢筋牌号查找钢筋弯折的弯弧内直径要求，如图 4-28 所示。

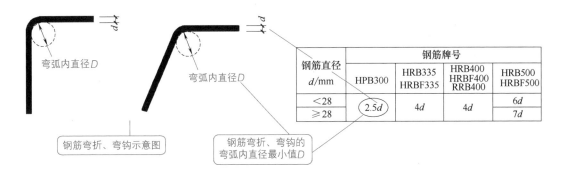

钢筋直径 d/mm	钢筋牌号			
	HPB300	HRB335 HRBF335	HRB400 HRBF400 RRB400	HRB500 HRBF500
<28	2.5d	4d	4d	6d
≥28				7d

图 4-28　根据钢筋牌号查找钢筋弯折的弯弧内直径要求

③ 纵向受力钢筋的弯折后平直段长度需要符合设计要求。光圆钢筋末端做 180°弯钩时，弯钩的平直段长度不应小于钢筋直径的 3 倍。

4.5.3　钢筋加工形状

钢筋加工的常见形状如图 4-29 所示。

钢筋加工
形状

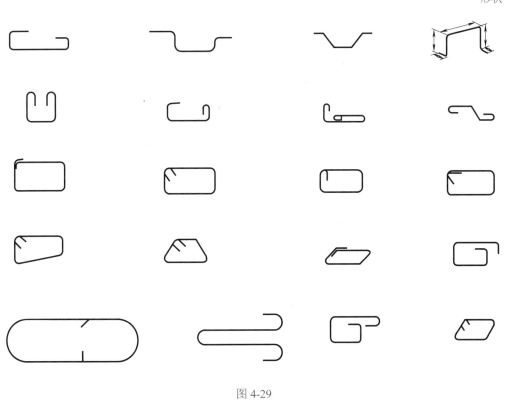

图 4-29

图 4-29　钢筋加工的常见形状

4.5.4 钢筋加工的允许偏差

钢筋加工的形状、尺寸需要符合设计等有关要求，其允许偏差见表 4-26。

表 4-26 钢筋加工的允许偏差

项目	允许偏差 /mm
箍筋外廓尺寸	±5
受力钢筋沿长度方向的净尺寸	±10
弯起钢筋的弯折位置	±20

常见钢筋的加工
机械与工具

4.6 钢筋加工的机械

4.6.1 常见钢筋的加工机械与工具

常见钢筋加工机械与工具如图 4-30 所示，其实例如图 4-31 所示。钢筋施工机械施工前一般要检查是否合格。只有达标的机械与工具，才能够使用。

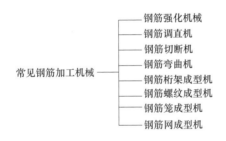

图 4-30 常见钢筋加工机械与工具

常见钢筋加工机械 —— 钢筋强化机械 / 钢筋调直机 / 钢筋切断机 / 钢筋弯曲机 / 钢筋桁架成型机 / 钢筋螺纹成型机 / 钢筋笼成型机 / 钢筋网成型机

(a) 钢筋弯曲机   (b) 钢筋切断机   (c) 剪断钳

图 4-31

(d) 钢筋套丝机   (e) 钢筋调直机

(f) 钢筋切断机

(g) 钢筋弯曲机

图 4-31 常见钢筋加工机械与工具实例

4.6.2 钢筋加工机械的检查与要求

钢筋加工机械的检查与要求见表 4-27、表 4-28。

表 4-27 钢筋加工机械的检查与要求

检查项目	检查要求
电气系统	（1）电控装置反应灵敏。 （2）电气管线排列整齐，卡固牢靠，不得有损伤。 （3）电器元件性能良好

检查项目	检查要求
电气系统	（4）各电器仪表指示数据准确。 （5）绝缘良好。 （6）启动装置反应灵敏。 （7）线路整齐。 （8）仪表指示数据正确。 （9）照明装置齐全
钢筋加工机械安全防护	（1）安全防护装置齐全可靠。 （2）防护罩、防护板安装牢固。 （3）机械齿轮、皮带轮等高速运转部分，必须安装防护罩或防护板。 （4）漏电保护器参数匹配，安装正确
钢筋加工机械整机	（1）操作系统灵敏可靠，各仪表指示数据准确。 （2）传动系统运转平稳。 （3）各部位连接牢固。 （4）机身不应有破损、断裂、变形现象。 （5）机械安装坚实稳固。 （6）金属结构不应有开焊、裂纹现象。 （7）零部件完整，随机附件齐全
液压系统	（1）液压泵内外不应有泄漏，不得有振动、不得有异响。 （2）液压系统中需要设置过滤、防止污染的装置。 （3）液压仪表齐全，工作可靠，指示数据准确。 （4）液压油箱清洁，定期更换滤芯

表 4-28　钢筋机械设备的要求

名称	要求
钢筋调直机	（1）传动机构运转平稳，不应有异响。 （2）传动皮带数量齐全，不应有破损、断裂，松紧度要适宜。 （3）调节螺母、回位弹簧、链轮机构灵敏可靠。 （4）调直筒、轴不应有弯曲裂纹、轴销磨损等现象。 （5）滑块移动不应有卡阻现象。 （6）机座、电机、轴承座、调直筒等连接牢固，各轴、销要齐全完好。 （7）料架料槽平直，应对准导向筒、调直筒、下刀切孔的中心线。 （8）自动落料机构开闭灵活，落料准确，落料架各部件连接牢固
钢筋冷拔机	（1）传动齿轮啮合良好，弹性联轴节不得松旷。 （2）冷却与通风装置风道畅通，风量合适。 （3）冷却与通风装置冷却水畅通，流量适宜。 （4）模具不应有裂纹。 （5）轧头、模具的规格配套
钢筋冷拉机	（1）传动齿轮啮合良好，弹性联轴节不得松旷。 （2）冷拉场地装设防护板、警告标志。 （3）冷拉夹具、夹齿完好，夹持功能有效。 （4）制动块制动灵敏

续表

名称	要　　求
钢筋笼自动焊接机	（1）各定位无触点开关紧固。 （2）焊接变压器到焊接轮、导电轮间的导电铜带端头螺栓紧固
钢筋切断机	（1）衬刀和冲切间隙正常，剪切刀具与被剪材料匹配。 （2）传动机构运转平稳，不应有异响。 （3）刀具安装牢固，不应松动。 （4）刀口不得有缺损、裂纹等现象。 （5）滑动轴承不得有刮伤、烧蚀，径向磨损不得大于 0.5mm。 （6）滑块与导轨纵向游动间隙应小于 0.5mm，横向间隙应小于 0.2mm。 （7）接送料的工作台面要和切刀下部保持水平。 （8）开式传动齿轮齿面不得有裂纹、点蚀、变形等现象。 （9）开式传动齿轮啮合良好，磨损量不应超过齿厚的 25%。 （10）曲轴、连杆不应有裂纹扭曲等现象。 （11）液压传动式切断机作业前，需要检查并确认液压油位、电动机旋转方向是否符合要求，防护罩应无破损
钢筋套筒冷挤压连接机	（1）超高压油管的弯曲半径不得小于 250mm。 （2）扣压接头处不得有扭转、死弯。 （3）压力表要定期检查测定，误差不得大于 5%
钢筋弯曲机	（1）挡铁轴应有轴套。 （2）动齿轮啮合良好，位置不得偏移。 （3）工作台与弯曲机台面保持水平。 （4）芯轴、成型轴、挡铁轴、轴套完整，安装牢固。 （5）芯轴、成型轴、挡铁轴的规格与加工钢筋的直径、弯曲半径相适应。 （6）芯轴、挡铁轴、转盘等不得有裂纹、损伤现象，防护罩坚固可靠
钢筋直螺纹成型机	（1）摆线针轮减速机运转平稳。 （2）各传动面、导轨面、接触面不应有严重锈蚀、油垢、积灰。 （3）机架应有足够的强度、刚度，不得有明显的翘曲、变形。 （4）机体内外要清洁，不应有锈垢、油垢、锈蚀等现象。 （5）进给机构各挡变速正常、灵活、可靠、齐全。 （6）冷却水泵工作有效。 （7）箱体内外清洁，油质清洁，油量充足，密封装置有效。 （8）整机不应漏油，对因制造缺陷引起的漏油需要采取回流措施
数控钢筋弯箍机	（1）弹簧、弹簧张紧螺母、电磁铁、可移动制动器有效。 （2）电气线路应无破损、无断裂、无脱落、无短路等现象。 （3）切刀应完好。 （4）压紧轮的固定螺栓无松动

4.6.3　钢筋加工机械重大危险源清单

钢筋加工机械重大危险源清单见表 4-29。

表 4-29　钢筋加工机械重大危险源清单

危险类型	危险	
	危险内容	危险源
操作环境安全	烫伤，不适； 永久性听觉丧失； 紧张、耳鸣、疲劳； 呼吸困难； 感染、过敏	热表面
		释放有害物质
		噪声
局部照明	不适； 碰撞； 烫伤； 滑倒、绊倒、跌落	照明设置
液压、气动及冷却危险	喷射； 甩动； 砸伤	液压系统
		气动系统
		冷却系统
操作	疲劳； 紧张； 肌肉与骨骼疾病； 误操作等其他人为因素引起的后果	人类工效学
		作业区域
		人为差错、人为习惯
机械危险	丧失稳定性； 挤压； 剪切； 砸伤； 碰撞； 刺穿或刺破； 卷入或陷入； 滑倒、绊倒或跌落； 抛出	机械的稳定性
		尖角、锐边和凸出
		部件的形状和相对位置
		锋利的部件
		重力
		运动部件
		设备危险区域
		运动部件的意外起动
		可触及的运动部件
		设备维修
电气危险	意外启停危险； 控制系统失效/错误指令； 操作人员的人为操作失误； 高压危险； 碰撞； 砸伤； 电击； 电死； 着火； 烧伤	电气、电子和可编程电子设备及系统
		控制系统安全功能
		传感器固定
		接地保护
		过载保护
		带电体绝缘防护
		电源开关
		手动控制装置
		急停装置
		焊接系统
		控制装置及其位置
		电磁干扰
		防止意外起动装置

4.7 钢筋加工的质量控制

4.7.1 受力钢筋加工的质量控制

受力钢筋的弯钩、弯折需要符合要求。HPB300级钢筋末端一般做180°弯钩，并且弯弧内直径不小于钢筋直径的2.5倍，弯钩的弯后平直部分长度不小于钢筋直径的3倍。当设计要求钢筋末端需要作135°弯钩时，HRB335级、HRB400级钢筋的弯弧内直径不小于钢筋直径的4倍，弯钩的弯后平直部分长度需要符合设计等有关要求。

4.7.2 箍筋加工的质量控制

箍筋弯钩的弯弧内直径除了需要满足"不小于受力钢筋直径"的要求外，箍筋弯钩的弯折角度也需要符合要求。

一般结构，箍筋弯钩的弯折角度不应小于90°；有抗震等要求的结构，箍筋弯钩的弯折角度应为135°。

箍筋弯后平直部分长度需要符合要求。一般结构，箍筋弯后平直部分长度不宜小于箍筋直径的5倍；有抗震等要求的结构，箍筋弯后平直部分长度不应小于箍筋直径的10倍，即10d，如图4-32所示。如果下料短了，则会造成箍筋弯后平直部分长度不足而不能满足要求的现象。

圆形箍筋的搭接长度不应小于其受拉锚固长度，并且两末端弯钩的弯折角度不应小于135°，弯折后平直段长度对一般结构构件不应小于箍筋直径的5倍，对有抗震设防要求的结构构件不应小于箍筋直径的10倍。

梁、柱复合箍筋中的单肢箍筋两端弯钩的弯折角度一般不应小于135°。

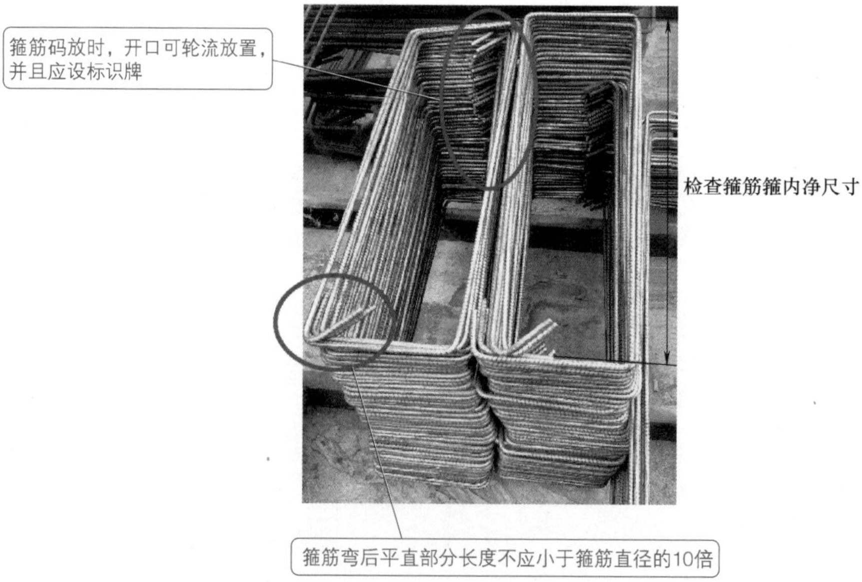

图 4-32　箍筋加工的质量控制

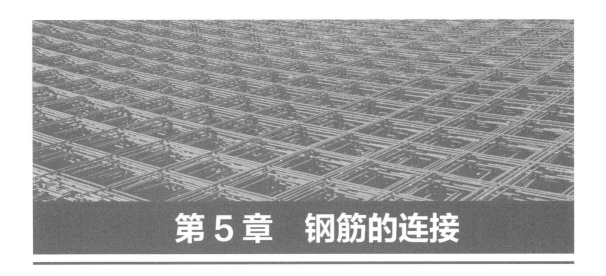

第5章　钢筋的连接

5.1　钢筋的机械连接

5.1.1　钢筋连接的基础知识

钢筋连接方式选择的正确性，关系到工程质量的优劣。钢筋连接就是通过绑扎搭接、机械连接、焊接等方法实现钢筋间内力传递的构造形式，如图 5-1 所示。

> **干货与提示**
>
> （1）同一构件中的纵向受力钢筋接头需要相互错开。
> （2）直接承受动力荷载的构件，纵向受力钢筋不得采用绑扎搭接接头。
> （3）直径 $d > 28mm$ 的受拉钢筋、直径 $d > 32mm$ 的受压钢筋不得采用绑扎搭接接头。
> （4）直径大于 12mm 以上的钢筋，应优先采用焊接接头或机械连接接头。
> （5）轴心受拉、小偏心受拉构件的纵向受力钢筋不得采用绑扎搭接。

5.1.2　钢筋机械连接的基础

钢筋机械连接又叫作"冷连接"，就是通过钢筋与连接件或其他介入材料的机械咬合作用或钢筋端面的承压作用，将一根钢筋中的力传递到另一根钢筋的连接方法。

钢筋机械连接具有接头强度高于钢筋母材、速度比电焊快、节省钢材、没有污染等特点。

钢筋机械连接的类型如图 5-2 所示。其中，剥肋滚轧直螺纹连接具有集剥肋、滚轧于一体的特点。螺纹套筒能够用于连接 16 ～ 40mm 的同径、异径的竖向、水平或任何倾角的钢筋。螺纹套筒连接具有速度快、工艺简单、节约钢材等特点。

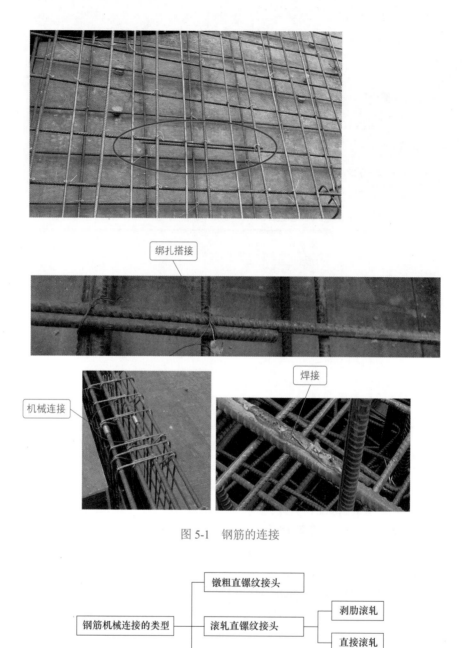

图 5-1　钢筋的连接

图 5-2　钢筋机械连接的类型

干货与提示

直接承受动力荷载的基础中，不宜采用焊接接头。

5.1.2.1 接头与丝头

接头即钢筋机械连接全套装置，也就是钢筋机械连接接头的简称。接头的示意图及实例如图 5-3 所示。连接件是连接钢筋用的各部件，包括套筒、其他组件的统称。套筒是用于传递钢筋轴向拉力或压力的钢套管。

钢筋丝头是接头中钢筋端部的螺纹区段。

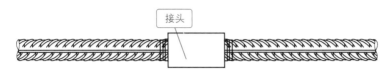

图 5-3 接头的示意图及实例

5.1.2.2 接头的参数

接头的参数包括机械连接接头长度、接头面积百分率、钢筋连接接头的满足强度等。

（1）机械连接接头长度 机械连接接头长度，即接头连接件长度和连接件两端钢筋横截面变化区段的长度之和。螺纹接头的外露丝头和镦粗过渡段属于截面变化区段。

（2）接头面积百分率 接头面积百分率，即同一连接区段内纵向受力钢筋机械连接接头的面积百分率，为该区段内有机械接头的纵向受力钢筋截面面积与全部纵向钢筋截面面积的比值。当直径不同的钢筋连接时，有机械接头的纵向受力钢筋的横截面积根据直径较小的钢筋计算。

（3）其他 钢筋的连接接头需要满足强度、变形性能等要求。接头性能包括单向拉伸、高应力反复拉压、大变形反复拉压、疲劳性能。根据接头的性能等级、应用场合选择相应的检验项目。

5.1.2.3 钢筋连接用套筒的要求

钢筋连接用套筒的要求如下。

① 钢筋连接用套筒需要符合现行行业标准《钢筋机械连接用套筒》（JG/T 163—2013）等有关规定。

② 套筒原材料采用 45 号钢冷拔或冷轧精密无缝钢管时，钢管需要进行退火处理，并且

需要满足现行行业标准《钢筋机械连接用套筒》（JG/T 163—2013）对钢管强度限值、断后伸长率的要求。

③ 不锈钢钢筋连接套筒原材料宜采用与钢筋母材同材质的棒材或无缝钢管，其外观、力学性能需要符合现行国家标准《不锈钢棒》（GB/T 1220—2007）、《结构用不锈钢无缝钢管》（GB/T 14975—2012）等规定。

④ 接头需要根据极限抗拉强度，残余变形，最大力下的总伸长率，高应力、大变形条件下的反复拉压性能，分为Ⅰ级、Ⅱ级、Ⅲ级。Ⅰ级、Ⅱ级、Ⅲ级接头的极限抗拉强度必须符合表 5-1 的规定。

表 5-1　Ⅰ级、Ⅱ级、Ⅲ级接头的极限抗拉强度要求

接头等级	Ⅰ级	Ⅱ级	Ⅲ级
极限抗拉强度	$f_{mst}^{0} \geqslant f_{stk}$　钢筋拉断 或 $f_{mst}^{0} \geqslant 1.10 f_{stk}$　连接件破坏	$f_{mst}^{0} \geqslant f_{stk}$	$f_{mst}^{0} \geqslant 1.25 f_{yk}$

注：1. 连接件破坏是指断于套筒、套筒纵向开裂或钢筋从套筒中拔出以及其他连接组件破坏。

2. 钢筋拉断是指断于钢筋母材、套筒外钢筋丝头、钢筋镦粗过渡段。

3. 表中 f_{mst}^{0} 为接头试件实测极限抗拉强度；f_{stk} 为钢筋极限抗拉强度标准值；f_{yk} 为钢筋屈服强度标准值。

5.1.3　钢筋机械连接接头的接头型式检验

需要对钢筋机械连接接头的接头型式进行检验的情况，包括型式检验报告超过 4 年的情况；套筒材料、规格、接头加工工艺改动的情况；需要确定接头性能等级的情况。

接头型式检验试件需要符合以下要求。

① 型式检验试件不得采用经过预拉的试件。

② 接头试件的安装需要符合有关规定。

③ 全部试件的钢筋均需要在同一根钢筋上截取。

钢筋机械连接接头的加工与安装

5.1.4　钢筋机械连接接头的加工与安装

钢筋机械连接接头的加工与安装的规定与要求如下。

① 钢筋丝头加工与接头安装，需要经工艺检验合格后方可进行。

② 混凝土结构中要求充分发挥钢筋强度、对延性要求高的部位，应选用Ⅱ级或Ⅰ级接头。同一连接区段内钢筋接头面积百分率为 100％时，则应选用Ⅰ级接头。

③ 直接承受重复荷载的结构，接头需要选用包含有疲劳性能的型式检验报告的认证产品。

④ 混凝土结构中钢筋应力较高，但是对延性要求不高的部位，则可选用Ⅲ级接头。

⑤ 连接件的混凝土保护层厚度宜符合现行国家标准有关规定，并且不得小于钢筋最小保护层厚度的 75％与 15mm 的较大值。必要时，可以对连接件采取防锈措施。

⑥ 结构构件中纵向受力钢筋的接头宜相互错开。钢筋机械连接的连接区段长度一般根据 35d 来计算。直径不同的钢筋连接时，则可以根据直径较小的钢筋来计算。

⑦ 钢筋丝头加工后，应采用钢筋保护帽保护。钢筋保护帽及保护实例如图 5-4 所示。

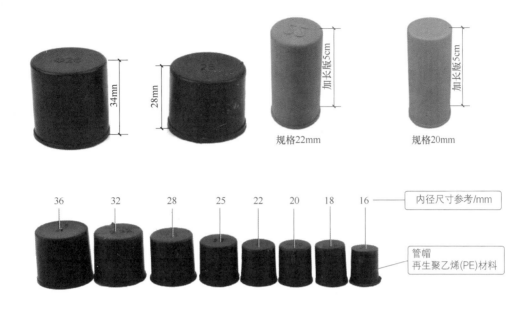

钢筋连接时，钢筋规格和套筒的规格必须一致，钢筋就位后拧下连接套筒保护帽，将其与套筒对正，然后使用扳手或管钳等工具旋转套筒，将连接头拧紧，要求两个钢筋头在套筒中间位置相互顶紧

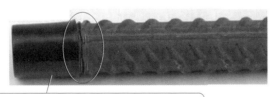

钢筋保护帽用于保护钢筋丝头，钢筋直螺纹加工合格后，带上连接套筒保护帽或拧上钢筋连接套筒，以防钢筋丝头碰伤和生锈

图 5-4　钢筋保护帽及保护实例

⑧ 钢筋机械连接时，先取下连接端的塑料保护帽，然后检查丝扣是否完好无损，规格是否与套筒一致。如果确认无误后，则可以把拧上连接套的钢筋的一头拧到被连接钢筋上，

并用力矩扳手根据规定的力矩值拧紧钢筋接头，并且当听到扳手发出"咔哒"声时，则说明钢筋接头已经被拧紧。然后做好标记，以防钢筋接头出现漏拧现象。

⑨ 钢筋套筒连接时，外留丝口不能超过 2 个，如图 5-5 所示。钢筋套筒连接前，钢筋切口要平齐，如图 5-6 所示。钢筋切口成型丝头，需要带好保护帽。钢筋套筒连接时，如果套丝有锈迹，则需要清除套丝锈迹后再连接。

图 5-5　钢筋套筒连接时外留丝口的要求

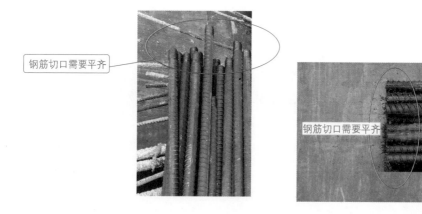

图 5-6　钢筋切口需要平齐

⑩ 钢筋接头宜设置在受力较小的位置或者部位，同一根钢筋不宜设置 2 个以上接头。

干货与提示

位于同一连接区段内的钢筋机械连接接头的面积百分率需要符合以下规定与要求。

（1）直接承受重复荷载的结构构件，接头面积百分率不得大于 50%。

（2）接头宜避开有抗震设防要求的框架的梁端、柱端箍筋加密区。如果无法避开时，则可以采用Ⅱ级接头或Ⅰ级接头，并且接头面积百分率不得大于 50%。

（3）接头宜设置在结构构件受拉钢筋应力较小部位，高应力部位设置接头时，同一连接区段内Ⅲ级接头的接头面积百分率不得大于 25%；Ⅱ级接头的接头面积百分率不得大于 50%。

（4）受拉钢筋应力较小部位或纵向受压钢筋，接头面积百分率可不受限制。

⑪ 常见钢筋接头的安装规定与要求见表 5-2。

表 5-2　常见钢筋接头的安装规定与要求

接头安装类型	规定与要求
套筒挤压接头	（1）钢筋端部不得有局部弯曲，不得有严重锈蚀，不得有附着物。 （2）钢筋端部应有挤压套筒后可检查钢筋插入深度的明显标记。 （3）钢筋端头离套筒长度中点一般不宜超过 10mm。 （4）挤压后的套筒不得有可见裂纹。 （5）挤压后套筒的长度，应为原套筒长度的 1.1 ～ 1.15 倍。 （6）套筒挤压应从套筒中央开始，依次向两端挤压。挤压后的压痕直径或套筒长度的波动范围，需要用专用量规进行检验。 （7）压痕处的套筒外径，应为原套筒外径的 80% ～ 90%
直螺纹接头	（1）安装接头时，钢筋丝头需要在套筒中央位置相互顶紧。 （2）安装接头时，可以用管钳扳手拧紧。 （3）标准型、正反丝型、异径型接头安装后的单侧外露螺纹不宜超过 2 个丝扣。 （4）接头安装后，需要用扭力扳手校核拧紧扭矩，并且最小拧紧扭矩值须符合规定。 （5）校核用扭力扳手的准确度级别，可以选用 10 级。 无法对顶的其他直螺纹接头，需要附加锁紧螺母、顶紧凸台等措施紧固
锥螺纹接头	（1）接头安装时，可以用扭力扳手拧紧，并且拧紧扭矩值需要满足要求。 （2）接头安装时，需要严格保证钢筋与连接件的规格相一致。 （3）校核用扭力扳手与安装用扭力扳手应区分使用，并且校核用扭力扳手需要每年校核 1 次，准确度级别一般不应低于 5 级

直螺纹接头安装时最小拧紧扭矩值要求见表 5-3。锥螺纹接头安装时拧紧扭矩值要求见表 5-4。

表 5-3　直螺纹接头安装时最小拧紧扭矩值要求

钢筋直径 /mm	≤ 16	18 ～ 20	22 ～ 25	28 ～ 32	36 ～ 40	50
拧紧扭矩 /（N·m）	100	200	260	320	360	460

表 5-4　锥螺纹接头安装时拧紧扭矩值要求

钢筋直径 /mm	≤ 16	18 ～ 20	22 ～ 25	28 ～ 32	36 ～ 40	50
拧紧扭矩 /（N·m）	100	180	240	300	360	460

5.1.5 钢筋丝头的加工与安装

钢筋丝头的加工与安装要求见表 5-5。

表 5-5 钢筋丝头的加工与安装要求

丝头类型	加工与安装要求
直螺纹钢筋丝头	（1）镦粗头不得有与钢筋轴线相垂直的横向裂纹。 （2）钢筋端部应采用带锯、砂轮锯、带圆弧形刀片的专用钢筋切断机进行切平处理。 （3）钢筋丝头长度需要满足设计等有关要求，并且极限偏差为 0～2 丝。 （4）钢筋丝头宜满足 6f 级精度要求，并且采用专用直螺纹量规进行检验
锥螺纹钢筋丝头	（1）钢筋端部不得有影响螺纹加工的局部弯曲。 （2）钢筋丝头长度，需要满足设计等有关要求，拧紧后的钢筋丝头不得相互接触，并且丝头加工长度极限偏差应为 -0.5 丝～-1.5 丝。 （3）钢筋丝头的锥度、螺距，可以采用专用锥螺纹量规来检验

5.1.6 钢筋机械连接接头的检验与验收

钢筋机械连接接头的检验与验收的要求如下。

① 需要对接头技术提供单位提交的接头相关技术资料进行审查、验收。

② 钢筋丝头加工需要进行自检、他检。

③ 接头现场抽检项目包括极限抗拉强度试验、加工质量检验、安装质量检验。

④ 现场截取抽样试件后，原接头位置的钢筋可以采用同等规格的钢筋进行绑扎搭接连接、焊接连接、机械连接等方法补接。

⑤ 需要进行工艺检验。

⑥ 抽检不合格的接头验收批，需要经研究后提出处理方案。

5.2 钢筋的绑扎搭接

钢筋的绑扎搭接
基础知识

5.2.1 钢筋的绑扎搭接基础知识

绑扎搭接（图 5-7）就是指两根钢筋相互有一定的重叠长度，然后用扎丝绑扎连接的方法。绑扎搭接适用于较小直径的钢筋连接和一般混凝土内的加强筋网的连接。

一般混凝土内的加强筋网经纬均匀排列，采用绑扎搭接固定，不用焊接。

轴心受拉、小偏心受拉杆件的纵向受力钢筋不得采用绑扎搭接。其他构件中的钢筋采用绑扎搭接时，受拉钢筋直径不宜大于 25mm，受压钢筋直径不宜大于 28mm。

钢筋的绑扎搭接接头，需要在接头中心与两端用铁丝扎牢，如图 5-8 所示。钢筋的绑扎多采用多根扎丝绑扎。

5.2.2 钢筋钩

钢筋绑扎搭接的常见工具为钢筋钩。常见钢筋钩的外形及规格如图 5-9 所示。

图 5-7　绑扎搭接

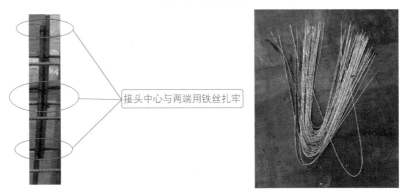

图 5-8　钢筋的绑扎搭接接头

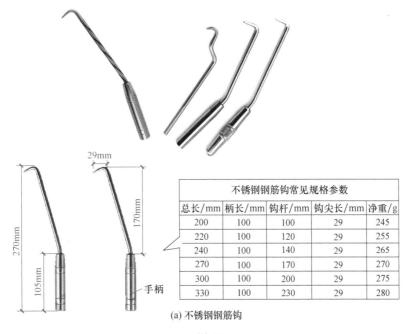

不锈钢钢筋钩常见规格参数				
总长/mm	柄长/mm	钩杆/mm	钩尖长/mm	净重/g
200	100	100	29	245
220	100	120	29	255
240	100	140	29	265
270	100	170	29	270
300	100	200	29	275
330	100	230	29	280

(a) 不锈钢钢筋钩

图 5-9

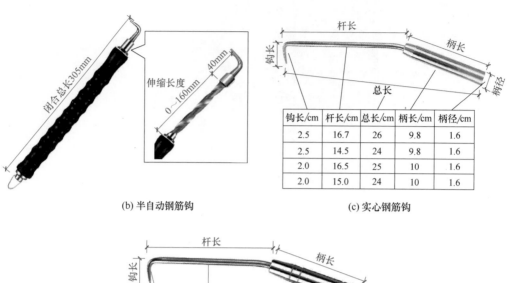

钩长/cm	杆长/cm	总长/cm	柄长/cm	柄径/cm
2.5	16.7	26	9.8	1.6
2.5	14.5	24	9.8	1.6
2.0	16.5	25	10	1.6
2.0	15.0	24	10	1.6

(b) 半自动钢筋钩　　　　　　　　　(c) 实心钢筋钩

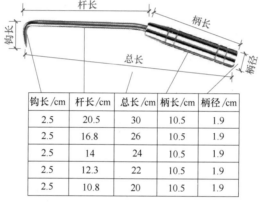

钩长/cm	杆长/cm	总长/cm	柄长/cm	柄径/cm
2.5	20.5	30	10.5	1.9
2.5	16.8	26	10.5	1.9
2.5	14	24	10.5	1.9
2.5	12.3	22	10.5	1.9
2.5	10.8	20	10.5	1.9

(d) 不锈钢钢珠钢筋钩

图 5-9　常见钢筋钩的外形和规格

5.3　钢筋的焊接连接

5.3.1　钢筋的焊接连接基础知识

钢筋焊接就是用电焊设备将钢筋沿轴向接长或交叉连接。钢筋焊接质量与钢材的焊接工艺、可焊性等有关。其中，钢筋可焊性与钢筋中的碳、钛、锰等合金元素含量有关。

常用的钢筋焊接方法如图 5-10 所示。

钢筋焊接的焊工必须持证操作，并且施焊前需要进行现场条件下的焊接工艺试验，试验合格后才可以正式施焊。

常用的钢筋焊接方法 —— 电渣压力焊
　　　　　　　　　—— 电阻点焊
　　　　　　　　　—— 钢筋气压焊
　　　　　　　　　—— 闪光对焊
　　　　　　　　　—— 电弧焊

图 5-10　常用的钢筋焊接方法

干货与提示

　　地梁一般是指梁板式筏形基础、柱下条形基础中的梁。该梁的最大弯矩在上部跨中、下部支座的地方，其纵向钢筋的接头尽量避免在内力较大的地方，选择在内力较小的部位，宜采用机械连接和搭接方式，不应采用现场电弧焊接方式。

　　钢筋焊接的常规要求与规定如下。

　　① 钢筋焊接前，必须根据施工条件进行试焊。每批钢筋焊接前，需要先选定焊接工艺、焊接参数进行试焊。试焊质量合格后，才能够焊接。

　　② 钢筋接头部位横向净距，一般不得小于钢筋直径。

　　③ 钢筋焊接施工前，需要清除钢筋、钢板焊接部位、钢筋与电极接触部位表面上的油污、锈斑、杂物等。

　　④ 钢筋焊接施工前，钢筋端部有扭曲、弯折时，需要矫直，或者切除。

　　⑤ 带肋钢筋电弧焊、闪光对焊时，需要对纵肋放置焊接，如图 5-11 所示。

带肋钢筋

纵肋

对纵肋放置焊接

纵肋

图 5-11　纵肋对纵肋放置焊接

干货与提示

　　梁、柱的箍筋弯钩、焊接封闭箍筋的对焊点，一般要沿纵向受力钢筋方向错开设置。构件同一表面，焊接封闭箍筋的对焊接头面积百分率一般不宜超过 50%。

5.3.2　钢筋闪光对焊

　　钢筋闪光对焊，就是采用对焊机使两段被焊接的钢筋相接触，通过低电压强电流，使钢筋被加热到一定温度变软后，再轴向加压顶锻，形成对焊接头，从而达到把钢筋沿轴向接长的目的。

　　根据对焊工艺的特点，钢筋闪光对焊分为连续闪光焊、闪光 - 预热 - 闪光焊等类型。其中，闪光 - 预热 - 闪光焊主要用于焊接大直径的钢筋。钢筋闪光对焊类型如图 5-12 所示。

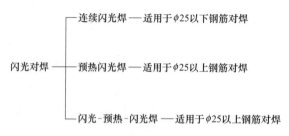

图 5-12　钢筋闪光对焊类型

钢筋闪光对焊时，需要选择合适的调伸长度、烧化预留量、顶锻预留量、变压器级数。钢筋闪光对焊工艺参数确定后，一般不得随意改变。

连续闪光对焊时的留量包括烧化预留量、有电顶锻预留量、无电顶锻预留量等参数。

闪光 - 预热 - 闪光焊时的留量包括一次烧化预留量、预热预留量、二次烧化留量、有电顶锻预留量、无电顶锻预留量等参数。

闪光对焊机是对焊机的一种。对焊机还有钢筋对焊机、铜杆对焊机等种类。

对焊时变压器级数需要根据钢筋牌号、钢筋直径、焊机容量、焊接工艺方法等具体实际情况来选择确定。

> **干货与提示**
>
> 电渣压力焊外观合格的判断标准如下。
> （1）电渣压力焊接头处的弯折角不大于 4°。
> （2）电渣压力焊接头处的轴线偏移不得大于钢筋直径的 10%，并且不得大于 2mm。
> （3）钢筋与电极接触处，应无烧伤缺陷。
> （4）四周焊包均匀凸出钢筋表面的高度应 ≥ 4mm。

5.3.3　钢筋电弧焊

钢筋电弧焊，就是用弧焊机使焊条与焊件间产生高温电弧，使焊条和电弧燃烧范围内的焊件熔化，凝固后便形成接头或焊缝。钢筋电弧焊的接头形式有：搭接接头（单面焊缝或双面焊缝）、帮条接头（单面焊缝或双面焊缝）、剖口接头（平焊或立焊）。

钢筋电弧焊实例如图 5-13 所示。

5.3.4　钢筋电阻点焊与钢筋气压焊

5.3.4.1　钢筋电阻点焊

钢筋电阻点焊，就是利用点焊机的上、下电极接触交叉的钢筋而接通电流，交叉钢筋的接触点处电阻较大，电流产生的热量将钢筋熔化，同时电极加压使钢筋焊合。

钢筋电阻点焊可以用于焊接钢筋网片、钢筋骨架等交叉连接的构件。

图 5-13　钢筋电弧焊实例

5.3.4.2　钢筋气压焊

　　钢筋气压焊，就是由一定比例的氧气火焰将钢筋端部加热到塑性状态，边加热边加压，然后将钢筋焊接在一起。焊接设备有加热器、加压油泵、压接器等。

第6章 钢筋的施工与安装

6.1 钢筋安装基础知识

钢筋安装常识

6.1.1 钢筋安装常识

建筑安装钢筋前，需要熟悉相关建筑施工图纸，从整体、细节上掌握钢筋安装的要求与特点，并且合理安排钢筋安装顺序。不同的建设项目，其钢筋的施工安装与安装具体顺序可能存在差异，本书主要讲述建筑工程领域的钢筋工程，其他工程可以参阅借鉴。

安装钢筋前，需要核对钢筋品种、级别、规格、数量是否符合有关要求，还应核对半成品钢筋的型号、直径、形状、尺寸、数量是否与半成品标识牌、施工图相符。如果存在错漏，应及时纠正。

安装钢筋前，需要确认以下一些事项。

① 施工缝是否已凿毛，凿毛是否彻底。

② 钢筋上的混凝土浮浆或其他污染是否清理干净。

③ 做好抄平放线工作，注明水平标高，弹出相关尺寸线、控制线。

④ 熟悉相关图纸。

钢筋安装时，还需要清楚有关间距，分述如下。

（1）钢筋间距　钢筋间距即钢筋纵轴线之间的距离，如图6-1所示。

（2）箍筋间距　箍筋间距即沿构件纵轴线方向箍筋轴线之间的距离，如图6-2所示。

（3）箍筋肢距　箍筋肢距即同一截面内箍筋的相邻两肢轴线之间的距离。

（4）常用结构梁纵向钢筋间距　常用的结构梁纵向钢筋间距如图6-3所示。

（5）常用结构柱纵向钢筋间距　常用结构柱纵向钢筋间距如图6-4所示。

（6）常用结构剪力墙分布钢筋间距　常用结构剪力墙分布钢筋间距如图6-5所示。

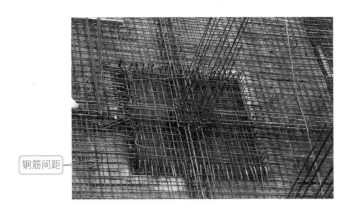

钢筋间距

钢筋间距

图 6-1 钢筋间距

间距

图 6-2 箍筋间距

梁上部纵向钢筋水平方向的净间距(钢筋外边缘间的最小距离)不应小于30mm和1.5d

梁的腹板高度h_w≥450mm时,梁的两个侧面应沿高度配置纵向构造钢筋,其间距a不宜大于200mm

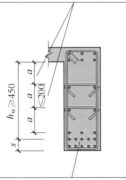

梁下部纵向钢筋水平方向的净间距不应小于25mm和d

梁的下部纵向钢筋配置多于2层时,2层以上钢筋水平方向的中距应比下面两层的中距增大一倍;各层钢筋间的净间距不应小于25mm和d

图 6-3

127

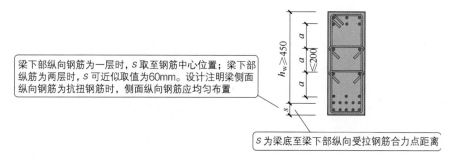

梁下部纵向钢筋为一层时，s 取至钢筋中心位置；梁下部纵筋为两层时，s 可近似取值为60mm。设计注明梁侧面纵向钢筋为抗扭钢筋时，侧面纵向钢筋应均匀布置

s 为梁底至梁下部纵向受拉钢筋合力点距离

图 6-3　常用结构梁纵向钢筋间距

d 为钢筋的最大直径

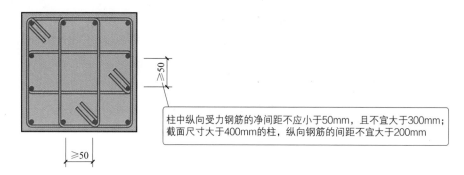

柱中纵向受力钢筋的净间距不应小于50mm，且不宜大于300mm；截面尺寸大于400mm的柱，纵向钢筋的间距不宜大于200mm

图 6-4　常用结构柱纵向钢筋间距

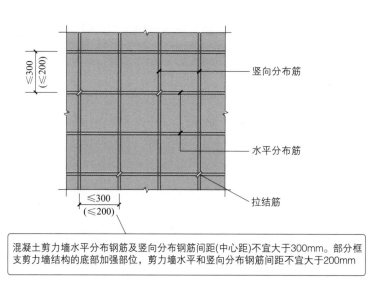

竖向分布筋

水平分布筋

拉结筋

混凝土剪力墙水平分布钢筋及竖向分布钢筋间距(中心距)不宜大于300mm。部分框支剪力墙结构的底部加强部位，剪力墙水平和竖向分布钢筋间距不宜大于200mm

图 6-5　常用结构剪力墙分布钢筋间距

6.1.2　结构纵向钢筋末端的常见形式

结构纵向钢筋末端的常见形式有弯钩、贴焊锚筋等。其中，弯钩又有 135°弯钩、90°弯钩等之分。

结构纵向钢筋末端的常见形式如图 6-6 所示。

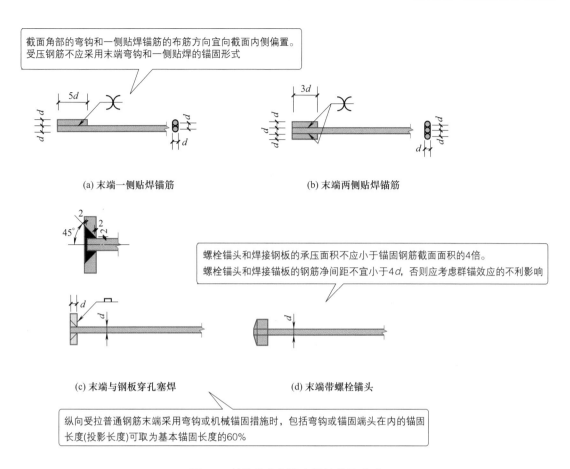

截面角部的弯钩和一侧贴焊锚筋的布筋方向宜向截面内侧偏置。受压钢筋不应采用末端弯钩和一侧贴焊的锚固形式

(a) 末端一侧贴焊锚筋　　　　　　　　(b) 末端两侧贴焊锚筋

螺栓锚头和焊接钢板的承压面积不应小于锚固钢筋截面面积的4倍。螺栓锚头和焊接锚板的钢筋净间距不宜小于4d，否则应考虑群锚效应的不利影响

(c) 末端与钢板穿孔塞焊　　　　　　　(d) 末端带螺栓锚头

纵向受拉普通钢筋末端采用弯钩或机械锚固措施时，包括弯钩或锚固端头在内的锚固长度(投影长度)可取为基本锚固长度的60%

图 6-6　结构纵向钢筋末端的常见形式

6.1.3　结构拉结钢筋的常见构造

结构拉结钢筋的常见构造如图 6-7 所示。

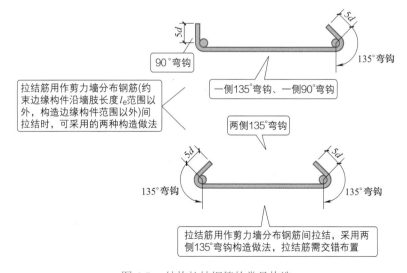

拉结筋用作剪力墙分布钢筋(约束边缘构件沿墙肢长度l_c范围以外，构造边缘构件范围以外)间拉结时，可采用的两种构造做法

90°弯钩　　一侧135°弯钩、一侧90°弯钩　　135°弯钩

两侧135°弯钩

135°弯钩　　　　135°弯钩

拉结筋用作剪力墙分布钢筋间拉结，采用两侧135°弯钩构造做法，拉结筋需交错布置

图 6-7　结构拉结钢筋的常见构造

6.1.4　钢筋的放置与设置

钢筋的放置与设置的要求与规范如下。

① 在施工上板底部的短方向钢筋，一般要放在下部，长向的钢筋一般应放在上面。

② 板、次梁与主梁交接处，板的钢筋在上、次梁钢筋居中、主梁钢筋在下，如图6-8所示。

图6-8　板、次梁与主梁交接处钢筋放置顺序

③ 采用插入式振捣器浇筑小型截面柱时，弯钩平面与模板面的夹角不得小于15°。

④ 梁、柱的箍筋，除了设计有特殊要求外，需与受力钢筋垂直设置。

⑤ 梁、柱的箍筋弯钩叠合处，要沿受力钢筋方向错开设置。

⑥ 圆形柱钢筋的弯钩平面应与模板的切线平面垂直。

⑦ 圆形柱中间钢筋的弯钩平面应与模板面垂直。

⑧ 主梁与圈梁交接处，主梁钢筋在上、圈梁钢筋在下，绑扎时切不可放错位置。

⑨ 梁、柱中箍筋，墙中水平分布钢筋与暗柱箍筋，板中钢筋距构件边缘的距离，通常宜为50mm。

⑩ 梁、柱（墙）钢筋的放置顺序为：梁与柱或墙侧平时，梁侧主筋放置于柱或墙竖向纵筋内。

⑪ 框架结构中、主次梁钢筋放置顺序为：框架结构中，次梁上下主筋放置于主梁上下主筋之上；框架连梁的上下主筋放置于框架主梁的上下主筋之上。

⑫ 基础钢筋主次梁钢筋放置顺序为：次梁上部主筋置于主梁上部主筋之下，板筋上层筋置于基础梁上部主筋之下。

⑬ 底板（顶板）钢筋放置顺序为：两向钢筋交叉时，基础底板及楼板短跨方向上部主筋宜放置于长跨方向主筋之上，短跨方向下部主筋置于长跨方向主筋之下。

6.1.5　钢筋的锚固

6.1.5.1　钢筋锚固的基础

钢筋的锚固是指梁、板、柱等构件的受力钢筋伸入支座或基础。钢筋的锚固长度一般是指梁、板、柱等构件的受力钢筋伸入支座或基础中的总长度，其包括直线部分与弯折部分。

锚固长度也定义为：受力钢筋依靠其表面与混凝土的黏结作用或端部构造的挤压作用而达到设计承受应力所需的长度。

钢筋的锚固长度对建筑而言至关重要，可以说关系到整个工程施工的成功与否。

钢筋混凝土结构中钢筋能够受力，主要是依靠钢筋与混凝土间的黏结锚固作用。因此，可以说钢筋的锚固是混凝土结构受力的基础。

钢筋的锚固如果失效，则钢筋混凝土结构会丧失承载能力并由此导致结构破坏。为此，需要注意钢筋锚固的质量规范与其通病的防治等要求。

钢筋的锚固有弯钩、机械锚固、端支座直锚等形式。

6.1.5.2　钢筋锚固的要求与规范

① 钢筋抗震锚固长度要足够，在 C25 混凝土内应为 42d（d 为钢筋直径）。

② 板底筋、面筋入梁内的锚固长度要符合设计、规范要求。

③ 次梁钢筋入主梁的锚固长度要符合要求。

④ 地梁入承台的锚固长度要足够长，不得太短，即要符合相应规范要求。

⑤ 顶层反梁钢筋锚固要正确，要锚入墙柱内。

⑥ 顶层柱钢筋伸出的锚固长度要足够。

⑦ 剪力墙钢筋伸出楼面的长度（图 6-9）要符合要求。

图 6-9　剪力墙钢筋伸出楼面的长度

⑧ 剪力墙竖向钢筋顶部构造要符合要求，锚固长度、锚固方式均要符合要求。

⑨ 梁钢筋锚入柱需要过柱中线 5d，如图 6-10 所示。

⑩ 梁钢筋伸入墙、柱内的锚固长度要足够，锚固方式要恰当，有抗震要求的需要根据设计等要求下料。

⑪ 梁筋要锚入节点内。

⑫ 梁面筋入墙的锚固长度要足够，弯折端需要达 15d，如图 6-11 所示。

⑬ 梁主筋不得外露，梁主筋端部要锚固。

⑭ 墙、柱钢筋伸出楼面长度不够的情况，可以在混凝土浇筑前及时预插以确保上端的长度。对于锚固长度不够的情况，有时需要重新开料，或者采用焊接加长，或者采用适当调

梁钢筋锚入柱需要过柱中线5d

图 6-10　梁钢筋锚入柱的长度要求

梁面筋入墙的锚固长度要足够，弯折端需要达15d

图 6-11　梁面筋入墙的锚固长度要求

整钢筋位置的方法来满足设计要求。

　　⑮ 墙、柱钢筋伸入基础承台或伸出楼面、屋面的长度要足够。

　　⑯ 墙、柱预插钢筋伸入承台长度、末端弯钩平直段长度要符合设计、标准等要求。

　　⑰ 水平钢筋在墙转角处的锚固长度、锚固方式要符合要求。

　　⑱ 水平钢筋在墙转角处的锚固要符合设计、规范要求。

　　⑲ 为了避免钢筋锚固出现不规范的情况，则需要加强相关交底工作、审核相关钢筋下料单，严格根据设计、现行规范等要求进行锚固，并对不规范的情况进行整改或者重做。

　　⑳ 悬挑梁筋、悬挑板筋的锚固要符合设计、现行规范等要求。

　　㉑ 悬挑梁面筋锚固长度要足够，钢筋骨架不得倾斜。

6.1.6　钢筋垫块的放置

钢筋垫块的放置基本要求如图 6-12 所示。

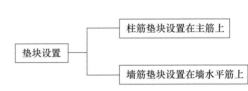

图 6-12　钢筋垫块的放置基本要求

6.1.7　钢筋施工要点与顺序

钢筋施工要点与
顺序

钢筋摆放前，需要把基础垫层模板清扫干净，然后用石笔、墨斗在上面弹出放置钢筋的位置线。然后根据钢筋位置线布放好钢筋；随后绑扎好钢筋。

钢筋的摆放安装，一般应首先摆放安装梁柱钢筋，然后是板面钢筋，如图 6-13 所示。

(a) 摆放安装梁柱钢筋

钢筋的摆放安装，一般首先摆放安装梁柱钢筋，然后是板面钢筋

1 梁柱钢筋

2 板面钢筋

(b)　摆放安装板面钢筋

图 6-13　钢筋的摆放安装

干货与提示

板类钢筋一般是先排摆主筋，后排摆副筋。梁类钢筋一般先排摆纵筋。摆筋需要注意根据规定将受力钢筋的接头错开。

6.1.8　钢筋施工与安装的其他要求

钢筋施工与安装的其他要求与规范如下。

图 6-14　成型后钢筋的分类堆放

① 施工现场的各种安全防护设施、安全标志等，没有经领导、安全员等相关人员批准，严禁随意拆除，严禁随意挪动。

② 成型后的钢筋，需要挂牌分类堆放，并且存放在钢筋棚内，并应做好防锈处理工作，如图 6-14 所示。

③ 施工中钢筋受力分不清是受拉还是受压的情况，则根据受拉情况来处理。

④ 板钢筋可以在模板上弹线来定位。

⑤ 一般板面需要平整，拼缝应严密。板上可以弹线，以便绑扎钢筋。

⑥ 采用现浇楼盖的多层砌体结构房屋，当层数超过 5 层，圈梁沿墙长应配置不少于 2 根直径为 10mm 的纵向钢筋。

⑦ 底板钢筋绑扎一般需要横平竖直，间距一致，连接位置一致，符合现行规范与要求，如图 6-15 所示。

底板钢筋一般需要横平竖直,间距一致

图 6-15　底板钢筋应横平竖直

⑧ 底板通长筋需要绑扎成平行直线，并且同截面钢筋根数一般要相同。

⑨ 底板纵筋接头长度不得太长，超过搭接长度；也不得太短，以免不能够满足规范所要求的长度。

⑩ 地梁的纵向钢筋要在支座锚固。筏基地梁因延性要求，所以其纵筋的接头位置、接头百分率的控制、纵向钢筋伸入支座的锚固长度等需要根据现行规定与要求执行。

⑪ 地下室外墙模板施工中，止水螺杆外加一小块木块，目的是为了使以后割掉止水螺杆后留下的那个小凹槽，可以直接用水泥砂浆补平，以防止螺杆露在外面。

⑫ 筏板封边构造根据规范、设计来确定，不得擅自设置筏板上下纵筋弯折长度。

⑬ 筏板钢筋接头在施工缝处预留长度要适度，并且接头要错开。

⑭ 筏板面积较大时，可以根据 25% 百分率接头，以免浪费钢筋接头。

⑮ 钢筋绑扎要牢固，接头部位要加盖保护塑料套。

⑯ 基础工程中的钢筋绑扎施工，独立柱基础为双向弯曲，则其底面短边的钢筋需要放在长边钢筋的上面。

⑰ 基础工程中的钢筋绑扎施工，钢筋的弯钩要朝上，不要倒向一边。但是双层钢筋网的上层钢筋弯钩需要朝下。

⑱ 基础工程中的钢筋绑扎施工，厚片筏上部钢筋网片可以采用钢管临时支撑体系。

⑲ 基础工程中的钢筋绑扎施工，基础底板如果采用双层钢筋网时，则在上层钢筋网下面需要设置钢筋撑脚，或者混凝土撑脚，以保证钢筋位置的正确性。

⑳ 基础工程中的钢筋绑扎施工，现浇柱与基础连接用的插筋，其箍筋需要比柱的箍筋缩小一个柱筋直径，以便连接。插筋位置一定要固定牢靠，以免造成柱轴线偏移。

㉑ 基础梁接头位置要准确，可以根据楼层框架梁接头位置来设置，并且需要错开。

㉒ 剪力墙插筋高度符合规范规定，端部加保护盖，根部缠塑料薄膜以防污染。

㉓ 剪力墙钢筋绑扎规范，绑扎丝头朝向构件内部，避免产生锈点。

㉔ 剪力墙可以设置梯子筋来控制钢筋的间距。

㉕ 框架柱插筋外包塑料膜，可以防止混凝土污染。设置定位框，以固定钢筋间距。

㉖ 框架柱主筋表面要洁净、无损伤，箍筋绑扎要到位。

㉗ 受力钢筋的接头在同一截面，有接头的受力钢筋截面面积占受力钢筋总截面面积的百分率需要符合相关规定。

㉘ 可以制作专用卡具，以便调整钢筋的间距。

㉙ 纵筋接头一般不宜设置在后浇带位置。

㉚ 受拉焊接骨架、焊接网在受力钢筋方向的搭接长度，需要符合设计等规定。

㉛ 受压焊接骨架、焊接网在受力钢筋方向的搭接长度，可取受拉焊接骨架、焊接网在受力钢筋方向的搭接长度的 70%。

干货与提示

　　基础工程中钢筋绑扎施工设置的钢筋撑脚，一般每隔 1m 放置一个。钢筋撑脚直径一般选用方法如下。

（1）当板厚 $h <$ 30cm 时，选择 8～10mm。

（2）当板厚 $h =$ 30～50cm 时，选择 12～14mm。

（3）当板厚 $h >$ 50cm 时，选择 16～18mm。

6.2　冷轧带肋钢筋混凝土结构钢筋的安装

6.2.1　冷轧带肋钢筋混凝土结构的一般构造规定

6.2.1.1　构件中冷轧带肋钢筋的保护层厚度

构件中冷轧带肋钢筋的保护层厚度需要符合以下规定与要求。

① 构件中受力钢筋的保护层厚度不应小于钢筋的公称直径。

② 钢筋混凝土基础宜设置混凝土垫层，基础中钢筋的混凝土保护层厚度应从垫层顶面算起，且不应小于 40mm。

③ 对工厂生产的预制构件或表面有可靠防护层的混凝土构件，当有充分依据时可适当减小混凝土保护层厚度。

④ 有防火要求的建筑物，其混凝土保护层厚度需要符合国家现行有关标准的规定。

⑤ 设计使用年限为 50 年的混凝土结构，最外层钢筋的混凝土保护层厚度需要符合表 6-1 的规定。设计使用年限为 100 年的混凝土结构，最外层钢筋的混凝土保护层厚度不应小于表 6-1 规定数值的 1.4 倍。

表 6-1　最外层钢筋的混凝土保护层最小厚度　　单位：mm

环境类别	梁		板、墙、壳	
	C25 ~ C30	≥ C30	C25 ~ C20	≥ C30
一	25	20	20	15
二 a	30	25	25	20
二 b	40	35	30	25

说明：表中环境类别的划分根据现行国家标准《混凝土结构设计规范（2015 版）》（GB 50010—2010）的有关规定确定。用于砌体结构房屋构造柱时，可根据表中板、墙、壳的规定取用。

6.2.1.2　单根分散配筋与并筋的配筋形式

在构件中配置的冷轧带肋钢筋，一般宜采用单根分散配筋的方式。当配筋数量较多且直径不大于 8mm 时，也可以采用两根并筋配筋。当采用并筋的配筋形式时，可以根据面积相等的原则等效为单根钢筋，并根据单根钢筋的等效直径来确定钢筋间距、锚固长度、搭接长度、保护层厚度等构造措施。

6.2.1.3　钢筋混凝土构件纵向受拉钢筋最小锚固长度

钢筋混凝土结构构件中，当计算中充分利用纵向受拉钢筋的强度时，其锚固长度不应小于表 6-2 规定的数值，并且不应小于 200mm。

表 6-2　钢筋混凝土构件纵向受拉钢筋最小锚固长度

钢筋级别	混凝土强度等级			
	C20	C25	C30、C35	≥ C40
CRB550、CRB600H	$45d$	$40d$	$35d$	$30d$

注：表中 d 表示冷轧带肋钢筋的公称直径；两根等直径并筋的锚固长度需要根据表中数值乘以系数 1.4 后取用。

6.2.1.4　钢筋最小配筋百分率

钢筋混凝土板类受弯构件（悬臂板除外）的纵向受拉钢筋最小配筋百分率，一般取 "0.15" 和 "$45f_t/f_y$" 两者中的较大值（f_t 表示混凝土轴心抗拉强度设计值；f_y 表示钢筋抗拉强度设计值）。钢筋混凝土梁、悬臂板的纵向受拉钢筋最小配筋百分率，一般符合现行国家标准《混凝土结构设计规范》（GB 50010—2010）等的有关规定。

6.2.2　冷轧带肋钢筋混凝土结构中箍筋与钢筋网片的要求

冷轧带肋钢筋混凝土结构中箍筋、钢筋网片的需要符合的规定与要求如下。

① CRB600H、CRB550 钢筋，可以用作砌体房屋中构造柱、芯柱、圈梁的箍筋，也可以用作砌体结构、混凝土结构中砌体填充墙的拉结筋或拉结网片。箍筋的配筋构造需要符合现行国家标准《建筑抗震设计规范》（GB 50011—2010）、《砌体结构设计规范》（GB 50003—2011）等的有关规定。

② 抗震设防烈度为 7 度及以下的地区，CRB600H、CRB550 钢筋可以用作钢筋混凝土房屋中抗震等级为二级、三级、四级的框架梁、柱的箍筋。箍筋构造措施需要符合现行国家标准《混凝土结构设计规范》（GB 50010—2010）等的有关规定。

③ 冷轧带肋钢筋网片，可以作为梁、柱、墙中厚度较大的保护层以及叠合板后浇叠合层中的钢筋网片。

6.2.3 冷轧带肋钢筋混凝土结构中板的要求

冷轧带肋钢筋混凝土结构中板的规定与要求如下。

① 板中受力钢筋的间距：当板厚大于 150mm 时，板中受力钢筋的间距不宜大于板厚的 1.5 倍，并且不宜大于 250mm。当板厚不大于 150mm 时，板中受力钢筋的间距不宜大于 200mm。

② 采用分离式配筋的多跨板，板底钢筋宜全部伸入支座。

③ 采用分离式配筋多跨板的支座负弯矩钢筋向跨内延伸的长度，一般根据负弯矩图来确定，并且需要满足钢筋锚固的要求。

④ 简支板、连续板下部纵向受力钢筋伸入支座的锚固长度，一般不应小于钢筋直径的 10 倍，并且宜伸到支座中心线。如果连续板内温度、收缩应力较大时，则伸入支座的长度宜适当增加。

⑤ 冷轧带肋钢筋配筋的空心板，每个肋中的纵向受力钢筋一般不宜少于 1 根。

⑥ 配置预应力冷轧带肋钢筋的预制混凝土板搭于圈梁上时，板端伸出的钢筋要与圈梁可靠连接，并且板端间隙需要与圈梁同时浇筑。

⑦ 配置预应力冷轧带肋钢筋的预制混凝土板在混凝土圈梁上的支承长度，一般不应小于 80mm。

⑧ 配置预应力冷轧带肋钢筋的预制混凝土板在砌体墙上的支承长度，一般不应小于 100mm。

⑨ 配置预应力冷轧带肋钢筋的预制混凝土板支承于砌体内墙上时，板端钢筋伸出长度一般不应小于 70mm，并且与支座板缝中沿墙纵向配置的钢筋绑扎，用强度等级不低于 C25 的混凝土浇筑成板带。

⑩ 配置预应力冷轧带肋钢筋的预制混凝土板支承于砌体外墙上时，板端钢筋伸出长度一般不应小于 100mm，并且与支座处沿墙纵向配置的钢筋绑扎，用强度等级不低于 C25 的混凝土浇筑成板带。

⑪ 预应力混凝土简支板，当板厚大于 120mm 时，一般宜在构件端部 100mm 范围内设置附加的上部钢筋网片。

6.2.4 冷轧带肋钢筋混凝土结构中墙的要求

冷轧带肋钢筋混凝土结构中墙的规定与要求如下。

① CRB550、CRB600H 钢筋，一般宜以焊接网形式用作剪力墙底部加强部位以上的墙体分布钢筋。

② 抗震设防烈度为 8 度及以下的地区，CRB550、CRB600H 钢筋可以用作钢筋混凝土房屋中抗震等级为二级、三级、四级的剪力墙底部加强部位以上的墙体分布钢筋。剪力墙底部加强部位的范围，一般需要根据现行国家标准《混凝土结构设计规范》（GB 50010—2010）等有关规定取用，并且地上部分不得少于底部两层。

③ 冷轧带肋钢筋配筋的剪力墙，其分布筋的最小配筋率、轴压比限值、约束边缘构件、构造边缘构件的设置等，均需要符合现行国家标准《建筑抗震设计规范》（GB 50011—2010）、《混凝土结构设计规范》（GB 50010—2010）等的有关规定。

6.3 钢筋的绑扎安装

钢筋绑扎常用的
绑扣形式

6.3.1 钢筋绑扎常用的绑扣形式

钢筋绑扎是钢筋工程中钢筋工的必备技能。钢筋绑扎常用的工具有：铅丝钩、小撬棒、力矩扳子。钢筋绑扎常用的绑扎方法有：一面顺扣绑扎法、十字花扣绑扎法、反十字花扣绑扎法、兜扣绑扎法、缠扣绑扎法等。其中，十字花扣绑扎法主要用于柱、梁钢筋的绑扎。反十字花口绑扎法主要用于剪力墙钢筋的绑扎。

钢筋绑扎常用的绑扣形式有八字扣、十字扣、套扣、绕扣、兜扣加缠、反十字扣、十字加缠等形式，如图 6-16 所示，其主要应用场合如下。

① 缠扣主要用于混凝土墙体、柱子箍筋的绑扎。

② 反十字扣、兜扣加缠，主要适用于梁的架立钢筋、箍筋的绑扎。

③ 十字花扣、兜扣，主要适用于平板钢筋网、箍筋处的绑扎。

④ 套扣主要适用于箍筋与主筋的绑扎点处的绑扎。

钢筋的绑扎必须稳固，以保证钢筋不发生移位。对绑扎板筋，可以采用单丝绑扎。对大于 $\phi 16$ 的钢筋，一般均需要采用双丝绑扎，并且每一个扎点至少要拧两圈半（除了单向板靠近外围的两行钢筋），如图 6-17 所示。

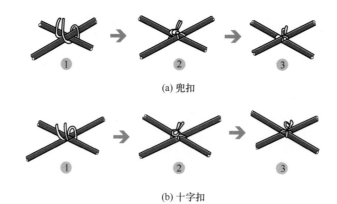

(a) 兜扣

(b) 十字扣

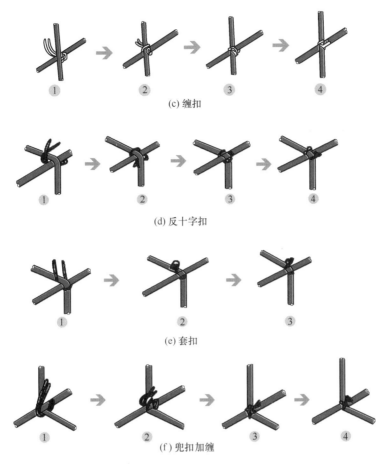

图 6-16　钢筋绑扎常用的绑扣形式

图 6-17　钢筋绑扎的单丝绑扎与双丝绑扎

干货与提示

钢筋绑扎材料一般宜选用 20 ～ 22 号绑扎钢丝，其中 22 号镀锌钢丝只用于绑扎直径 12mm 以下的钢筋。最好每个钢筋交叉点均要绑扎。绑扎钢丝，一般要求不得少于两圈半，并且有的项目要求扎扣、尾端应朝向真空绝热板复合预制墙板截面的内侧。钢筋笼入模前，应对绑扎钢丝进行外观检查，以避免损坏真空绝热板。

钢筋八字扣绑扎
形式

6.3.2　钢筋绑扎的整体形式

采用八字扣绑扎钢筋，则绑扎得比较紧固，不容易产生移位与滑动。钢筋八字扣绑扎示意图与实例如图 6-18、图 6-19 所示。

钢筋的顺扣绑扎示意图如图 6-20 所示。钢筋的顺扣绑扎实例如图 6-21 所示。顺扣绑扎，就是绑扎时先将扎丝扣穿套钢筋交叉点，然后用钢筋钩钩住铁丝弯成圆圈的一端，旋转钢筋钩，一般旋 1.5 ～ 2.5 转即可。扎丝扣要短，才能少转快扎。顺扣绑扎具有操作简便、绑点牢靠、通用性强等特点。顺扣绑扎适用于钢筋网、钢筋架各个部位等场合钢筋的绑扎。

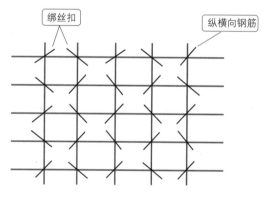

图 6-18　钢筋八字扣绑扎示意图

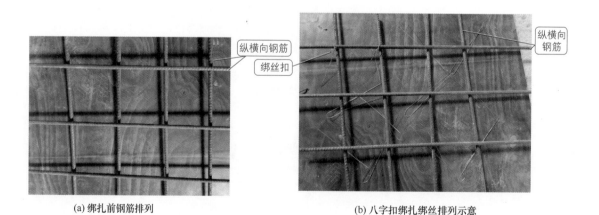

(a) 绑扎前钢筋排列　　　　　　　(b) 八字扣绑扎绑丝排列示意

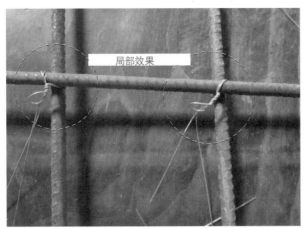

(c) 局部效果

图 6-19　钢筋八字扣绑扎实例图

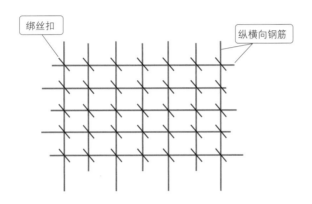

图 6-20　钢筋的顺扣绑扎示意图

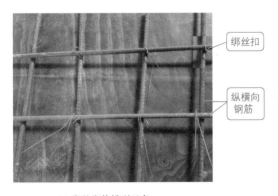

(a) 绑丝绑扎排列示意

(b) 绑扎后效果

图 6-21　钢筋的顺扣绑扎实例

钢筋一面顺扣绑扎如图 6-22 所示。

图 6-22　钢筋一面顺扣绑扎

干货与提示

　　箍筋的转角与其他钢筋的交点，一般均需要绑扎。但是，箍筋的平直部分与钢筋的相交点，有时也可以呈梅花状式交错绑扎。箍筋的弯钩叠合位置，应错开绑扎，即交错绑扎在不同的架立钢筋。

6.3.3　满扎与跳扎

　　钢筋满扎就是只要是纵筋与横筋相交的位置就要绑扎绑丝。钢筋跳扎（跳绑）一般是指隔一处纵筋与横筋相交位置再绑扎绑丝等一些跳过纵筋与横筋相交位置不绑扎绑丝的情形。跳扎，也就是梅花扎，根据很像梅花形状而命名。满扎与跳扎如图 6-23、图 6-24 所示。

　　一般光圆钢筋都是 1 跳 1 扎的，螺纹钢筋最好是满扎。间隔 120mm 的板筋，不论光圆还是螺纹，一般均需要满扎。

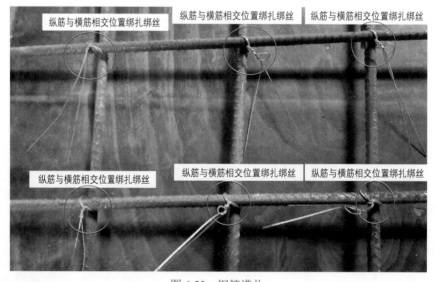

图 6-23　钢筋满扎

干货与提示

　　双向受力板的钢筋一般要满扎。单向受力板的钢筋可以跳扎，但是其最外围两圈必须是满扎的。

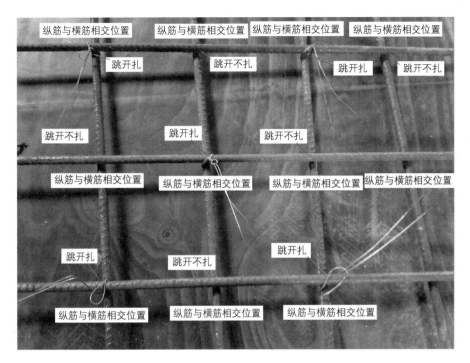

图 6-24 钢筋跳扎

6.4 钢筋的绑扎施工与安装

6.4.1 钢筋绑扎安装的一般规定

钢筋的制作与绑扎质量，是建筑结构质量的关键。钢筋绑扎连接是利用混凝土的黏结锚固作用，实现两根锚固钢筋的应力传递。

钢筋绑扎连接，一般要把接头位置设在受力较小的地方。为了确保钢筋的应力能够传递充分，需要满足有关最小搭接长度的要求。钢筋绑扎要牢固，以防钢筋移位。

钢筋绑扎施工、安装的一般规定与要求如下。

① 绑扎钢筋前，应检查需要绑扎钢筋的规格、形状尺寸、数量是否正确。

② 钢筋搭接处，一般应在中心、两端均用镀锌钢丝扎牢。

③ 钢筋的交叉点，一般应采用镀锌钢丝扎牢。

④ 一般项目的板、墙的钢筋网，除了靠近外围两行钢筋的交叉点全部扎牢外，中间部分交叉点可以间隔交错绑扎。但是，必须保证受力钢筋不产生位置偏移。双向受力钢筋，必须全部满扎牢固。

⑤ 墙、柱、梁钢筋骨架中各垂直面钢筋网交叉点应全部绑扎。

⑥ 填充墙构造柱纵向钢筋，一般宜与框架梁钢筋共同绑扎。

⑦ 光圆钢筋与带肋钢筋绑扎接头做法如图 6-25 所示。

⑧ 搭接范围内三点绑扎，就是每根钢筋在搭接长度内必须采用三点绑扎。用双丝绑扎搭接钢筋的两端头 30mm 处，中间绑扎一道，且过三道竖向筋，如图 6-26 所示。

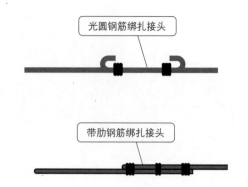

图 6-25　光圆钢筋与带肋钢筋绑扎接头做法

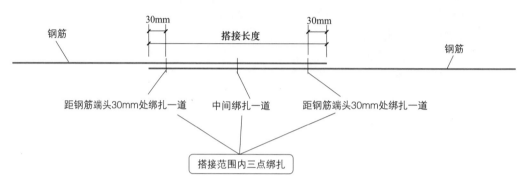

图 6-26　搭接范围内三点绑扎

⑨ 四周两行钢筋与中间部分交叉点要求：四周两行钢筋交叉点，需要每点绑扎牢固；中间部分交叉点，可以相隔交错扎牢，但是必须保证受力钢筋不发生位移。

⑩ 双向主筋的钢筋网要求：双向主筋的钢筋网需要将全部钢筋相交点扎牢。绑扎时，需要注意相邻绑扎点的铁丝扣要成八字形，以免网片歪斜变形。

⑪ 对于单向板，板钢筋可以用梅花扎，但是梁边两道板钢筋必须满扎。对于双向板，必须满扎。梁筋与箍筋交叉点要求满扎。剪力墙要求满扎。

⑫ 当钢筋的直径 $d > 16mm$ 时，不宜采用绑扎接头。

干货与提示

　　焊接骨架与焊接网采用绑扎连接时，需要符合以下一般规定与要求。

　　（1）焊接骨架焊接网的搭接接头，不宜位于构件的最大弯矩处。

　　（2）焊接网在非受力方向的搭接长度，不宜小于 100mm。

　　（3）在绑扎骨架中非焊接的搭接接头长度范围内，当搭接钢筋为受拉时，其箍筋的间距一般不应大于 5d，并且不应大于 100mm。当搭接钢筋为受压时，其箍筋间距一般不应大于 10d，并且不应大于 200mm（d 表示为受力钢筋中直径最小钢筋的直径）。

6.4.2　一般结构纵向钢筋绑扎搭接横截面钢筋排布

　　一般结构纵向钢筋绑扎搭接横截面钢筋排布方式有同层搭接、内侧搭接、斜向搭接等。

① 一般结构纵向钢筋绑与箍筋在箍筋转角位置钢筋搭接的方法如图 6-27 所示。

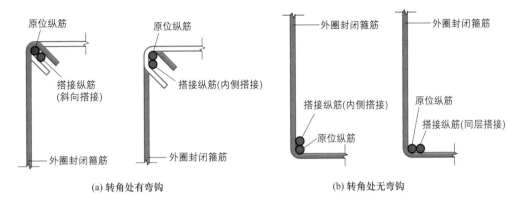

(a) 转角处有弯钩   (b) 转角处无弯钩

图 6-27　箍筋转角位置钢筋搭接的方法

② 一般结构纵向钢筋与拉筋弯钩的搭接方法如图 6-28 所示。

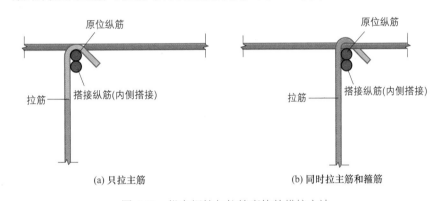

(a) 只拉主筋   (b) 同时拉主筋和箍筋

图 6-28　纵向钢筋与拉筋弯钩的搭接方法

③ 一般结构纵向钢筋与箍筋平直段位置钢筋搭接的方法如图 6-29 所示。

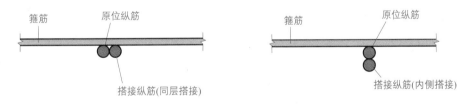

图 6-29　纵向钢筋与箍筋平直段位置钢筋搭接的方法

④ 一般结构拉结筋转角位置钢筋搭接的方法如图 6-30 所示。

6.4.3　梁、墙、柱钢筋的绑扎搭接

搭接范围内需要绑三道扎线，如果只绑两道或一道则是不正确的。为此，有绑扎搭接的部位，可以先排好钢筋，使钢筋并在一起，并且绑扎好搭接点，并应绑三道，绑扎牢固。

梁、墙、柱钢筋绑扎搭接的一般要求、规范如下。

① 钢筋搭接长度不应太短，否则不符合设计要求；钢筋搭接长度也不应太长，否则会浪费材料。

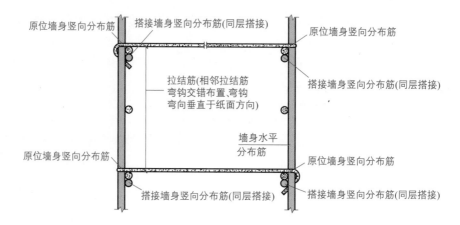

(a) 拉结筋一侧135°弯钩，一侧90°弯钩(弯折后直段长度均为5d)

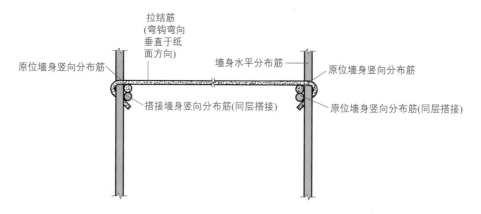

(b) 拉结筋两侧均为135°弯钩(弯折后直段长度均为5d)

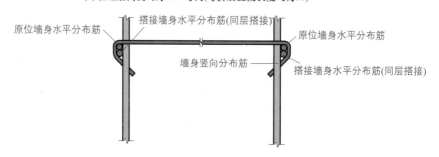

(c) 拉结筋转角处的钢筋搭接位置(墙身水平分布筋搭接)

图6-30 一般结构拉结筋转角位置钢筋搭接的方法

② 搭接的钢筋不得成交叉状，不得歪斜。

③ 两钢筋相隔的距离较大时应绑在一起。

④ 绑扎搭接的钢筋一般需要成平行状紧靠在一起。

⑤ 梁底跨中 1/3、梁面支座两侧负筋范围内一般不搭接，采用通长筋。

⑥ 相邻的绑扎接头应错开，并且错开距离需要符合要求（搭接钢筋端头错开至少 0.3L，其中 L 为搭接长度），或者同一断面内绑扎接头百分率不超过标准要求。如果梁钢筋的搭接接头没有根据要求错开，或者相邻接头间零距离，均是不符合要求的。

146

⑦ 剪力墙同排内相邻两根竖向筋接头应相互错开，不同排相邻两根竖向筋接头也应相互错开。搭接接头应错开 500mm 以上，机械连接接头应错开 35d 以上。注意搭接接头的长度除了应大于 1.2L_{aE} 外（L_{aE} 为抗震锚固长度），还应满足"搭接范围内通过三根水平筋"的要求。

⑧ 墙体竖向钢筋搭接范围必须保证有三道水平筋通过，墙体水平钢筋搭接范围内必须保证有三道竖向筋通过。

⑨ 墙体水平钢筋搭接接头错开间距应≥ 500mm，同一构件中相邻纵向受力钢筋的绑扎搭接接头应相互错开 50%。

⑩ 墙柱钢筋如有偏位的，需要处理好复位后，才能够绑扎搭接上段钢筋。

⑪ 为了保证安装质量，墙、柱、梁的主筋尽量按最大长度下料，能不断开的地方就不要断开。钢筋绑扎搭接前，应做好相关交底工作。

⑫ 一般受拉钢筋的搭接长度为 1.2L_{aE} ～ 1.6L_{aE}（其中 L_{aE} 为抗震锚固长度）。

⑬ 一般受压钢筋的搭接长度为 L_{aE} 的 70%（其中 L_{aE} 为抗震锚固长度）。

⑭ 一般腰筋搭接长度为 15d（其中 d 为钢筋直径）。

6.5　钢筋保护层厚度

6.5.1　钢筋焊接网混凝土保护层最小厚度的要求

设计使用年限为 50 年的钢筋焊接网配筋的混凝土板、墙构件，最外层钢筋的保护层厚度不应小于钢筋的公称直径，并且需要符合表 6-3 的规定。钢筋混凝土基础，一般要设置混凝土垫层。基础中钢筋的混凝土保护层厚度需要从垫层顶面算起，且不得小于 40mm。

表 6-3　钢筋焊接网混凝土保护层最小厚度的要求

环境类别	混凝土保护层的最小厚度 /mm	
	C20	≥ C25
一	20	15
二 a	—	20
二 b	—	25
三 a	—	30
三 b		40

注：设计使用年限为 100 年的构件，不得小于表中数值的 1.4 倍。

钢筋保护层砂浆垫块厚度需要准确，并且垫块间距需要适宜，以免出现露筋现象。控制混凝土保护层，可以采用塑料卡或水泥砂浆垫块，如图 6-31、图 6-32 所示。

6.5.2　板、墙、壳类构件纵向受力钢筋的混凝土保护层厚度

板、墙、壳类构件纵向受力钢筋的混凝土保护层厚度（从钢筋外边缘算起）不应小于钢筋的公称直径，且需要符合表 6-4 的规定。

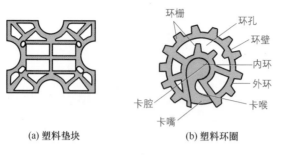

(a) 塑料垫块   (b) 塑料环圈

图 6-31　塑料卡

水泥砂浆垫块

图 6-32　水泥砂浆垫块

表 6-4　板、墙、壳类构件纵向受力钢筋的混凝土保护层厚度

环境	纵向受力钢筋的混凝土保护层最小厚度 /mm		
	C20	C25 ～ C45	≥ C50
一	20	15	15
二 a	—	20	20
二 b	—	25	20
三	—	30	25

注：1. 构造钢筋的保护层厚度不应小于本表中相应数值减 10mm，且不应小于 10mm。

2. 梁、柱中箍筋、构造钢筋和箍筋笼的保护层厚度不应小于 15mm。

3. 处于一类环境且由工厂生产的预制构件，当混凝土强度等级不低于 C20 时，其保护层厚度可按表中规定减少 5mm，但不应小于 15mm；处于二类环境且由工厂生产的预制构件，当表面采取有效保护措施时，保护层厚度可按表中一类环境数值取用。

4. 基础中纵向受力钢筋的保护层厚度不应小于 40mm；当无垫层时不应小于 70mm；有防火要求的建筑物，其保护层厚度符合国家现行有关防火规范的规定。

6.5.3　板筋保护层

　　板底筋需要放置保护层垫块，垫块间距不能太大，并且垫块厚度需要符合要求。面筋需要采取有效措施保证其位置，使用的马凳筋支撑要恰当、绑扎要牢、间距要合理，如图

6-33 所示，不得出现有的局部面筋保护层超厚、有的局部面筋保护层超薄等异常现象。垫块位置要恰当，不但板筋周边要设有垫块，而且中间部位也要放置垫块，如图 6-34 所示。

图 6-33　马凳筋支撑

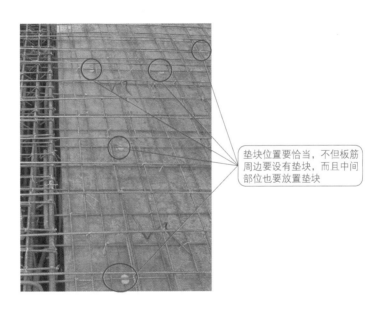

图 6-34　垫块位置要恰当

混凝土拆模后，钢筋不得明显外露，保护层也不得太薄，且不得出现钢筋锈蚀印较明显的异常现象。

板筋保护层的一般要求与规范如下。

① 110mm 厚的楼板面筋保护层应达 40mm 以上。

② 板底设置的保护层垫块，需要有效、合理。

③ 地下室底板、顶板钢筋的保护层厚度应根据设计要求来确定。

④ 基础底板钢筋保护层最小厚度为 40mm。

⑤ 可以在板筋绑扎完成后再放置垫块。板面筋可以用马凳筋支撑并且绑扎牢固，并且确保面筋的位置正确。马凳筋与马凳筋间距一般控制在 1000mm 内。

⑥ 严格对钢筋执行隐蔽验收，没有保护层或保护层不合格的不准进入下道工序施工。

⑦ 为了保证安装质量，板筋的保护层垫块应统一制作。

⑧ 一般楼面板的保护层厚度大约为 15mm。

6.5.4 梁、墙、柱钢筋的保护层

柱钢筋保护层

梁、墙、柱钢筋保护层的一般要求与规范如下。

① 梁、墙、柱保护层的垫块，根据需要可以绑在箍筋上，且需要固定牢靠。

② 梁、墙、柱钢筋绑扎时，整个钢筋骨架不得歪扭。

③ 梁板底应设置保护层垫块，以免混凝土浇筑后箍筋显露，如图 6-35 所示。

图 6-35　梁板底设置保护层垫块

④ 梁板面筋位置要正确，以免混凝土厚度不够导致面筋显露在外。

⑤ 梁底钢筋保护层垫块，在沉放梁骨架前可以在梁底放入 25mm 的短钢筋头或垫入 25mm 厚的砂浆垫块，并且需要保证整个钢筋骨架不直接贴紧模板。

⑥ 梁底钢筋需要明显与底模有间隔。

⑦ 梁底木屑等垃圾需要及时清理。

⑧ 梁面混凝土保护层要够，箍筋不得显露在混凝土外，梁主筋不得隐约可见。

⑨ 模板安装时，钢筋不得挤压在模板上而使钢筋无保护层。

⑩ 模板安装时，钢筋垫块不得撞脱。

⑪ 墙、柱钢筋出现较大偏位时，需要处理得当或及时回位，以免导致一侧或两侧保护层过厚。

⑫ 墙柱筋砂浆保护层垫块一般绑扎在主筋上，定位要合理。主筋保护层厚度需要符合设计等有关要求。

⑬ 可推广新材料，其中塑料垫块可以使用，应安装到位。

⑭ 主受力筋保护层垫块要到位，厚度、间距要符合要求，安装要牢稳，并且使钢筋骨架明显与模板分开。

⑮ 柱、墙、梁钢筋骨架的侧面与模板间，可以采用埋于混凝土垫块中的铁丝与纵向

钢筋绑扎固定。垫块间距一般在 1m 以内。垫块厚度需要一致，并且为纵向钢筋保护层的厚度。

⑯ 严格执行钢筋的隐蔽验收，不合格的不能浇筑混凝土。

6.6　箍筋

柱箍筋间距

6.6.1　箍筋的基础知识

6.6.1.1　箍筋的用途与分类

箍筋就是用来满足斜截面抗剪强度，以及连结受力主筋与受压区钢筋骨架的钢筋，如图 6-36 所示。

图 6-36　箍筋

箍筋分为开口矩形箍筋、封闭矩形箍筋、单肢箍筋、菱形箍筋、多边形箍筋、井字形箍筋、圆形箍筋等种类，还可以分为梁式箍筋、柱式箍筋等应用箍筋。

6.6.1.2　箍筋直径的选择

箍筋一般是根据计算来确定。箍筋最小直径的参考选择如下（箍筋的最小直径与梁高 h 有关）。

① 当梁高 $h \leqslant 800\text{mm}$ 时，箍筋最小直径不宜小于 6mm。

② 当梁高 $h > 800$mm 时，箍筋最小直径不宜小于 8mm。

6.6.1.3 箍筋的特点与要求、规范

① 梁支座处的箍筋一般是从梁边（或墙边）50mm 的地方开始设置。

② 支承在砌体结构上的钢筋混凝土独立梁，在纵向受力钢筋的锚固长度范围内需要设置不少于两道箍筋。当梁与混凝土梁或柱整体连接时，支座内可不设置箍筋。

③ 箍筋的肢数，是看梁、柱同一截面内在高度方向箍筋的根数。

④ 梁的箍筋肢数的判断：首先假设把梁沿着轴向垂直面截开得到的横截面，再看该横截面上可以看到的在竖直方向上的钢筋根数。该横截面上箍筋不管是由几根钢筋弯成的，只要看有一根竖直的钢筋就算一肢。梁的箍筋肢数的判断方法如图 6-37 所示。

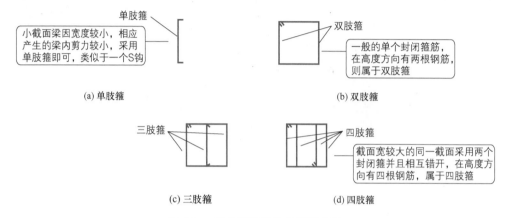

图 6-37　梁的箍筋肢数的判断方法

⑤ 柱的箍筋肢数的判断：柱截面尺寸常用 $b \times h$ 表示，柱箍筋肢数也采用 $b \times h$ 表示。其中，b 为柱截面尺寸水平边的箍筋根数；h 为柱截面尺寸垂直边的箍筋根数。即根据柱的 b 边和 h 边的箍筋根数来判断肢数，有几根箍筋就是几肢箍。例如 b 边有 3 根箍筋，h 边有 3 根箍筋，则就是 3×3 肢箍。

⑥ 定位箍筋框：框架柱模板上口设置定位箍筋框，用于控制钢筋位移。定位箍分内控式和外控式两种，置于柱顶的定位箍可周转使用。

⑦ 箍筋安装：主筋必须在箍筋弯折处接触紧密。搭接部位应制作双主筋箍筋，箍筋弯钩应将两根主筋全部钩住。

干货与提示

　箍筋肢数的判断：梁式箍筋只需沿水平方向看竖直箍筋的根数。柱式箍筋分别要看水平方向竖直箍筋根数与竖直方向水平筋的根数。

6.6.2　箍筋弯钩

用光圆钢筋制成的箍筋，其末端一般有弯钩。弯钩的类型有直角形、半圆形、斜弯钩等。

箍筋弯钩

箍筋弯钩的弯曲内直径一般需要大于受力钢筋直径，并且不小于箍筋直径的 2.5 倍。

　　一般结构中，箍筋弯钩的弯折角度不小于 90°，并且弯钩平直部分的长度不小于箍筋直径的 5 倍。

　　有抗震设防要求的结构构件，矩形箍筋端部应有 135°弯钩，并且弯钩伸入核心混凝土的平直部分长度不小于 20cm；圆形箍筋的接头需要采用焊接，并且焊接长度不小于 10 倍箍筋直径。

　　箍筋弯钩实例如图 6-38 所示。

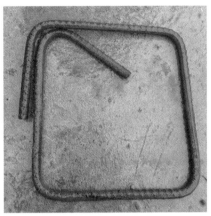

图 6-38　箍筋弯钩实例

6.6.3　加密箍筋

　　抗震等级为一级时，箍筋加密区长度为梁高的 2 倍与 500mm 取大值。

　　抗震等级为二级～四级时，箍筋加密区长度为梁高的 1.5 倍与 500mm 取大值。也就是说，箍筋加密均需要满足大于 500mm 的要求，如果计算长度不满足大于 500mm 的要求，则应根据 500mm 的长度进行加密。

柱的箍筋加密区长度一般取柱截面长边尺寸（或圆形截面直径）、柱净高的 1/6 与 500mm 中的最大值。但是最底层（一层）柱的根部，需要取不小于 1/3 的该层柱净高。以后的加密区范围取柱长边尺寸（或者圆柱直径）、楼层柱净高的 1/6、500mm 三者数值中的最大者为加密范围。

当有刚性地面时，除了柱端箍筋加密区外，还需要在刚性地面上、下各 500mm 的高度范围内加密箍筋。

6.6.4　起步筋（箍筋）的安装

起步筋（箍筋）的安装要求见表 6-5。

表 6-5　起步筋（箍筋）的安装要求

项目	安装要求
柱第一根箍筋距两端	≤ 50mm①
暗柱边第一根墙筋距柱边的距离	≤ 1/2 竖向分布钢筋间距
连系梁距暗柱边箍筋起步	≤ 50mm
剪力墙第一根水平墙筋距离混凝土板面	≤ 50mm
剪力墙暗柱第一根箍筋距离混凝土板面	≤ 30mm（暗柱箍筋与墙水平筋错开 20mm 以上，不得并在一起）

① 起步筋（箍筋）的要求实例见图 6-39。

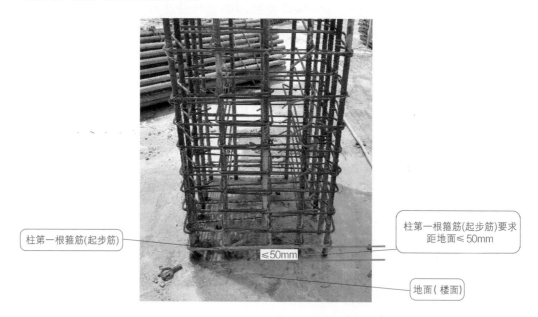

图 6-39　起步筋（箍筋）的要求实例

6.6.5　非焊接封闭箍筋与拉筋弯钩构造

非焊接封闭箍筋与拉筋弯钩构造如图 6-40 所示。

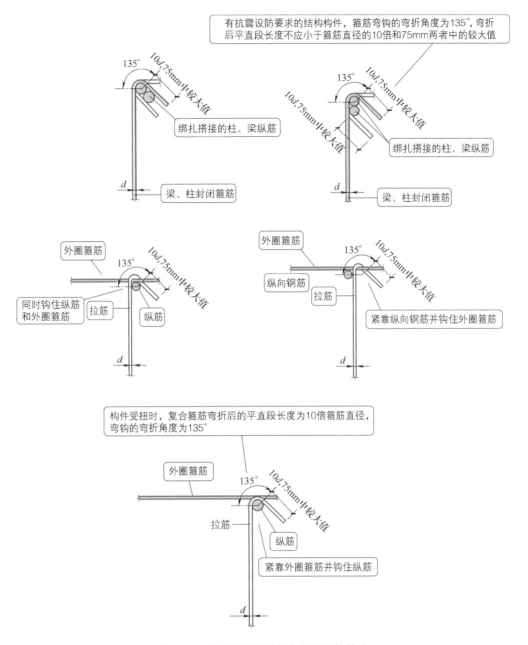

图 6-40　非焊接封闭箍筋与拉筋弯钩构造

6.6.6　节点区箍筋的施工与安装

节点区箍筋施工与安装的一般要求与规范如下。

① 节点箍筋与主筋要垂直。

② 节点内的箍筋需要加密的，应根据加密要求配置。

③ 节点内的箍筋要正常定位、正常安装。

④ 节点内钢筋布置要合理、间距要恰当。

⑤ 节点内箍筋不得随意放置、不得摆放混乱，并且需要绑扎好。

⑥ 节点内箍筋不得歪斜，也不得致使墙筋、柱筋偏位。

⑦ 节点内应有箍筋，并且箍筋不得挤在一起，应分开有一定的间距。

⑧ 异型柱节点内应有必要的箍筋。

为保证节点区箍筋的安装质量，下料时需要严格按照设计等要求进行，并且安装前做好相关交底工作。

6.6.7 梁箍筋的施工与安装

梁箍筋施工与安装的一般要求与规范如下。

① 梁端箍筋加密长度、间距要合理。梁箍筋加密区长度要求不小于 1.5 倍梁高（一级抗震为 2 倍梁高），并且不小于 500mm。

② 梁箍筋应与主筋垂直（图 6-41），梁受力截面不得减小。

图 6-41　梁箍筋与主筋垂直

③ 主、次梁节点处，主梁两侧附加箍筋设置要符合要求。

④ 为了保证安装质量，项目也可以采用成型墙、柱节点箍筋笼。

⑤ 主、次梁相交处，主梁两侧需要根据要求加密，设置的加密箍数量、位置、间距均要符合要求，如图 6-42 所示。主、次梁相交处加密箍筋为每侧 3 个间距 50mm 的同直径箍筋。

⑥ 梁第一个箍筋距节点的距离不能够太大，需要符合要求。

⑦ 梁箍不得歪斜，需要与梁主筋垂直，并且安装要到位、牢固且绑扎牢固。

⑧ 梁箍筋有抗震要求的需要带有 135°弯钩，并且平直段不短于 10d，并且应在梁中交错布置。

⑨ 为保证梁箍筋的安装质量，需要根据设计要求的尺寸正确制作成型箍筋，以保证钢筋绑扎不偏位。梁支座地方的箍筋，可以从梁边或墙边 50mm 的地方开始设置。严格对钢筋隐蔽验收，不符合要求的情况不能浇筑混凝土。

⑩ 主、次梁节点范围内需要正常配置箍筋。

图 6-42　主、次梁相交处主梁箍筋加密

6.6.8　柱箍筋的施工与安装

柱箍筋的施工与安装

柱箍筋实例如图 6-43 所示。柱箍筋施工与安装的一般要求与规范如下。

图 6-43　柱箍筋实例

①　箍筋安装前，需要做好相关交底工作。箍筋定位可以先用粉笔画好位置。柱箍的加密高度需要根据设计图纸、规范的要求设置。

②　柱箍筋安装可以搭设操作平台。

③　柱箍筋间距不得过大，要符合设计要求。

④ 柱箍筋与柱主筋要垂直，箍筋转角处与主筋交点要绑牢，柱主筋与箍筋非转角部分的相交点可以采用梅花形交错绑扎。

⑤ 柱箍要根据抗震要求设 135°弯钩，弯钩端平直段长度要求不小于 10d。为此，柱箍筋下料制作时要根据设计要求，有抗震要求的柱箍必须设 135°弯钩。或者将箍筋绑好后再用工具扳成 135°弯钩也可以。

⑥ 柱筋上下两端加密箍的间距、数量以及加密区的高度等需要根据要求设置。

⑦ 柱受力钢筋绑扎搭接范围内的箍筋需要加密。

6.7 焊接钢筋与箍筋笼的施工与安装

6.7.1 焊接钢筋骨架

焊接钢筋骨架的技术要求如图 6-44 所示。焊接钢筋桁架可以用作高速铁路中双块式轨枕配筋，或者用作预制叠合楼板或叠合板式混凝土剪力墙的配筋。焊接钢筋桁架需要符合的要求如下。

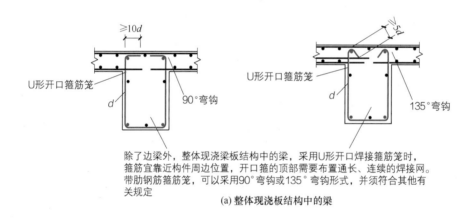

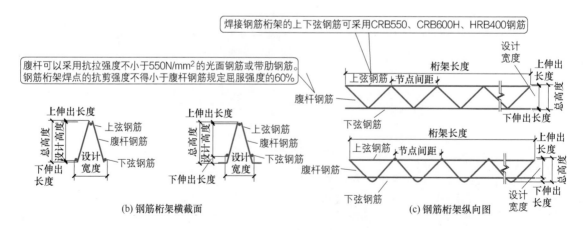

图 6-44 焊接钢筋骨架的技术要求

① 焊接钢筋桁架的长度一般宜为 2 ～ 14m，高度一般宜为 70 ～ 270mm，宽度一般宜为 60 ～ 110mm。

② 上下弦杆钢筋，一般需要采用 CRB550、CRB600H、HRB400 钢筋，腹杆也可以采用 CPB550 钢筋。

③ 上下弦钢筋直径一般宜为 5 ～ 16mm；腹杆钢筋直径一般宜为 5 ～ 9mm。

④ 钢筋桁架的实际重量与理论重量的允许偏差为 ±4%。

6.7.2　板上部受力钢筋焊接网的锚固

对于嵌固在承重砌体墙内的现浇板，其上部焊接网钢筋伸入支座的长度需要不小于110mm，并且在网端要有一根横向钢筋，或者将上部受力钢筋弯折，如图 6-45 所示。

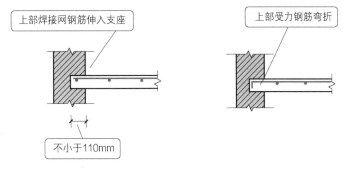

图 6-45　板上部受力钢筋焊接网的锚固

干货与小技巧

钢筋焊接网的搭接接头一般宜设置在结构受力较小的地方。钢筋焊接网在受压方向的搭接长度，一般取受拉钢筋搭接长度的 70%，且不得小于 150mm。

6.7.3　房屋建筑带肋钢筋焊接网受拉方向的搭接

房屋建筑带肋钢筋焊接网在受拉方向的搭接如图 6-46 所示。

6.7.4　构造冷拔光面钢筋焊接网受拉方向的搭接

房屋建筑作为构造用的冷拔光面钢筋焊接网在受拉方向的搭接，可以采用叠搭法或扣搭法。构造冷拔光面钢筋焊接网受拉方向搭接的技术要求如图 6-47 所示。

6.7.5　房屋建筑带肋钢筋焊接网在非受力方向分布钢筋的搭接

房屋建筑带肋钢筋焊接网在非受力方向分布钢筋搭接的技术要求如图 6-48 所示。带肋钢筋焊接网在非受力方向的分布钢筋的搭接，当搭接区内分布钢筋的直径 d 大于 8mm

时，其搭接长度一般根据采用叠搭法或扣搭法时的规定值，采用平搭法时的规定值增加 5d 取用。

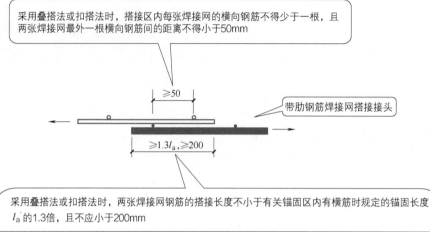

图 6-46　房屋建筑带肋钢筋焊接网在受拉方向的搭接

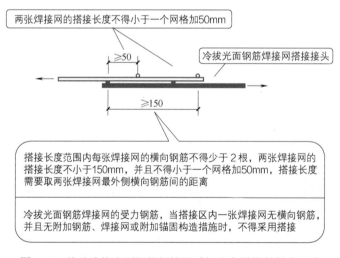

图 6-47　构造冷拔光面钢筋焊接网受拉方向搭接的技术要求

6.7.6　柱中焊接箍筋笼

　　柱中焊接箍筋笼，箍筋笼在长度方向根据柱高可采用一段或分成多段。CRB550、CRB600H、CPB500 钢筋不应用于抗震等级为一级柱的箍筋笼。柱中焊接箍筋笼的技术要求如图 6-49 所示。

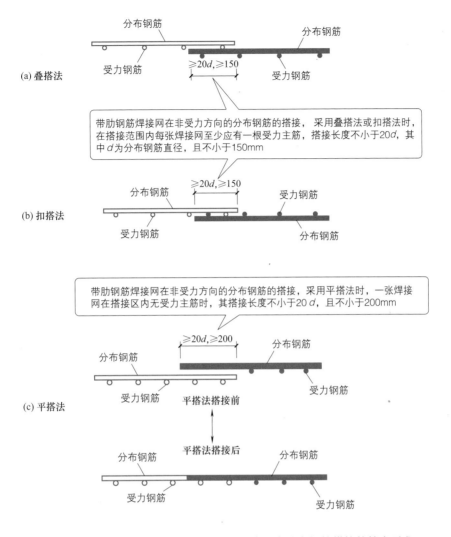

图 6-48 房屋建筑带肋钢筋焊接网在非受力方向分布钢筋搭接的技术要求

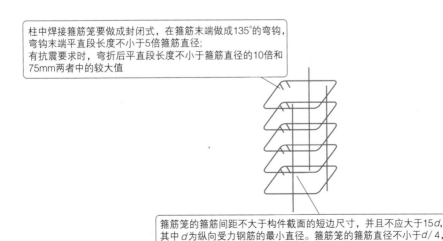

图 6-49 柱中焊接箍筋笼的技术要求

6.7.7　梁中焊接箍筋笼

梁中焊接箍筋笼，箍筋笼在长度方向可以根据梁长采用一段或分成几段。梁中箍筋的间距，需要符合现行标准《混凝土结构设计规范》（GB 50010—2010）等有关规定。梁与板整体浇筑不考虑抗震要求且无计算需要的受压钢筋亦不需进行受扭计算时，可以采用 U 形开口箍筋笼。梁中焊接箍筋笼的技术要求如图 6-50 所示。

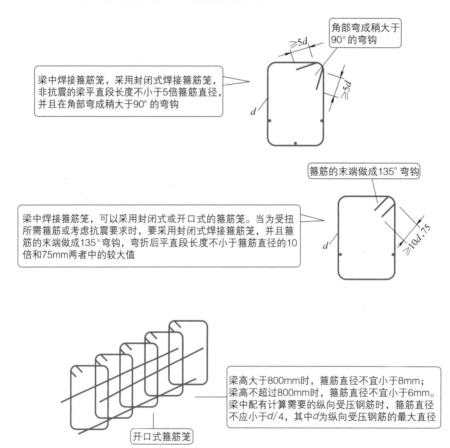

图 6-50　梁中焊接箍筋笼的技术要求

6.8　梁钢筋的施工与安装

6.8.1　梁钢筋施工与安装的基础知识

梁柱节点的
锚固

常见的梁钢筋如图 6-51 所示。

梁钢筋主筋一般要求间距均匀，梁箍筋间距也要均匀。梁钢筋的一般要求如图 6-52 所示。

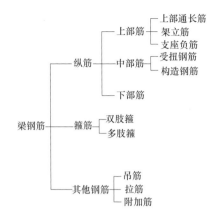

```
                              ┌── 上部通长筋
                      ┌ 上部筋 ┼── 架立筋
                      │       └── 支座负筋
            ┌ 纵筋 ───┼ 中部筋 ┬── 受扭钢筋
            │         │        └── 构造钢筋
            │         └ 下部筋
梁钢筋 ──────┼ 箍筋 ──┬── 双肢箍
            │         └── 多肢箍
            │
            └ 其他钢筋 ┬── 吊筋
                      ├── 拉筋
                      └── 附加筋
```

图 6-51　常见的梁钢筋

梁各层纵筋净间距不应小于25mm

梁主筋必须设在箍筋四角

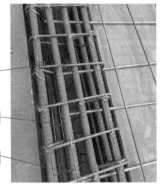

梁箍筋与主筋要垂直

梁下部纵筋净距≥25mm且≥1.0d

梁上部纵筋净距≥30mm且≥1.5d

主次梁相交处，次梁两侧主梁箍筋加密三道，间距50mm。设计设置附加吊筋时，箍筋加密三道，间距50mm

图 6-52　梁钢筋的要求

163

梁钢筋施工与安装的一般要求与规范如下。

① 大梁主筋根数，一定要在安装前交底清楚，不得少根数。

② 当悬挑梁梁下部钢筋为螺纹钢时，伸入支座长度应为12d。当悬挑梁梁下部钢筋为圆钢时，伸入支座长度应为15d。

③ 钢筋绑扎前，需要核对受力钢筋，以免下料、安装错误。

④ 节点区域主梁内需要正常配置箍筋。

⑤ 梁、柱节点位置的梁钢筋间距要符合要求，钢筋位置要正确。

⑥ 梁板钢筋安装时，要先放置主梁钢筋，等主梁钢筋骨架绑扎好后再放置次梁钢筋，并且应将次梁钢筋放置在主梁钢筋之上，如图6-53所示。

图6-53　主梁钢筋与次梁钢筋

⑦ 梁上部两排筋与面筋间要用钢筋隔开，梁侧面要加垫块以保证两侧保护层厚度。

⑧ 梁污染的钢筋需要清理。梁底模与钢筋骨架不能够直接接触，需要设置垫块。大梁绑扎时，不得出现少主筋、少弯钩、少箍筋等情况。

⑨ 梁腰筋排布要均匀，梁拉勾梅花形布置要全数绑扎。梁箍筋间距要均匀，绑扎应顺直不倾斜。

⑩ 梁的多排受力钢筋在绑扎时，可以应用短钢筋头或拉筋措施隔开并且绑扎牢固。

⑪ 梁底的二排筋距离底筋间距不能太大，如图6-54所示。

二排筋是指在混凝土梁中，位于上部第二排和下部第二排的纵向受力钢筋。二排筋在梁的上部，平法标注的根数写在斜杠"/"的右侧。二排筋在梁的下部，平法标注的根数写在斜杠"/"的左侧

图6-54　梁底的二排筋

⑫ 梁底筋、梁面筋间距不得大小不一，不得存在混乱的情况。如果梁底筋、梁面筋有两排或多排的钢筋排距不符合要求，也需要改正。

⑬ 梁底筋、梁面筋间距需要符合最小净距要求，梁钢筋不得靠在一起，如图 6-55 所示。

图 6-55　梁底筋、梁面筋间距符合最小净距要求

⑭ 梁钢筋骨架要顺直，梁主受力钢筋要到位，不得偏位，不得减小其有效受力截面。

⑮ 梁内上下两排钢筋距离一般应在 75mm 以内，其净距离不应小于 25mm 或钢筋最大直径。

⑯ 梁支座负筋在节点处不得断开，需要采用通长钢筋，也不得以绑扎搭接的方式连接安装负筋。

⑰ 梁柱或梁墙节点的部位，要合理调整钢筋位置，以免梁钢筋与墙柱钢筋相碰导致钢筋不能正确就位。

⑱ 混凝土浇筑前，需要做好钢筋隐蔽验收工作，确保钢筋安装质量。

⑲ 主、次梁钢筋位置要正确。

干货与提示

框支梁加密区取净跨的 20%、1.5 倍梁高中的较大值，下部主筋锚固能直锚就直锚。

6.8.2　梁横截面纵向钢筋与箍筋的排布构造形式

梁横截面纵向钢筋与箍筋的排布构造形式如图 6-56 所示。

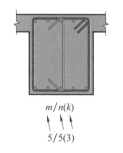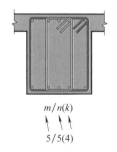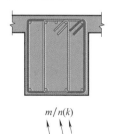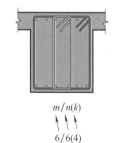

图 6-56

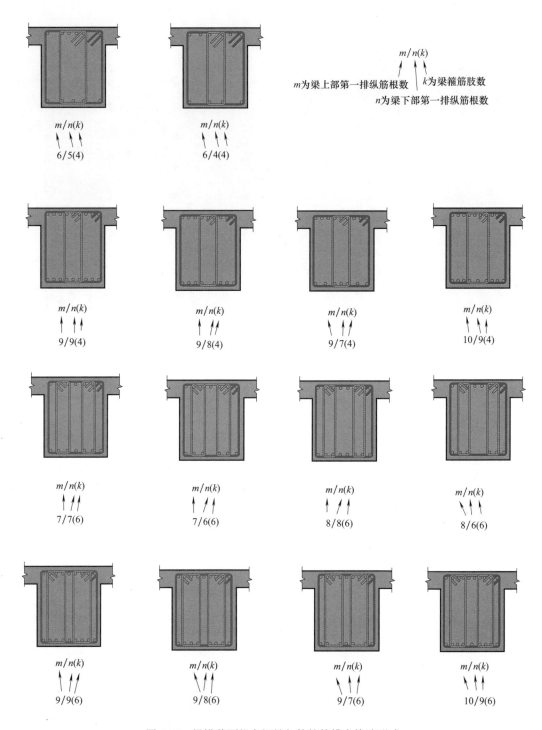

图 6-56　梁横截面纵向钢筋与箍筋的排布构造形式

6.8.3　梁复合箍筋的排布构造形式

梁复合箍筋的排布构造形式如图 6-57 所示。

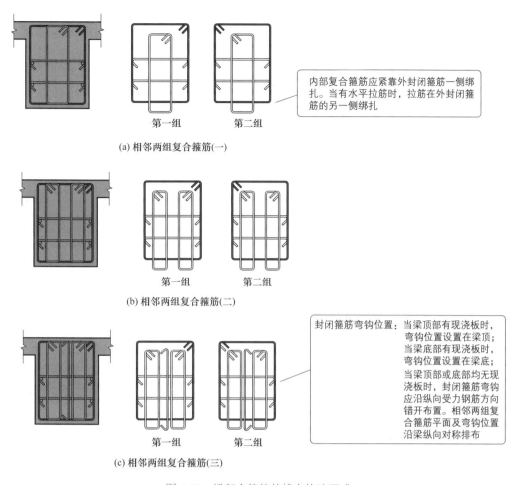

内部复合箍筋应紧靠外封闭箍筋一侧绑扎。当有水平拉筋时，拉筋在外封闭箍筋的另一侧绑扎

(a) 相邻两组复合箍筋(一)

第一组　第二组

(b) 相邻两组复合箍筋(二)

第一组　第二组

封闭箍筋弯钩位置：当梁顶部有现浇板时，弯钩位置设置在梁顶；当梁底部有现浇板时，弯钩位置设置在梁底；当梁顶部或底部均无现浇板时，封闭箍筋弯钩应沿纵向受力钢筋方向错开布置。相邻两组复合箍筋平面及弯钩位置沿梁纵向对称排布

(c) 相邻两组复合箍筋(三)

第一组　第二组

图 6-57　梁复合箍筋的排布构造形式

6.9　板钢筋的施工与安装

6.9.1　板钢筋施工与安装的基础

板钢筋绑扎前，需要根据图纸要求弹线，以便布局符合要求。板钢筋马凳筋的设置如图 6-58 所示。需要注意，很多项目板钢筋马凳筋是严禁直接放置在模板上的，并且马凳筋需要与板钢筋扎牢。

板钢筋起步筋的施工与安装需要符合规范、设计等要求，如图 6-59 所示。

板钢筋垫块的设置，可以成梅花形布局，间距一般不大于 600mm。

板钢筋底层绑扎完毕后，应给水电预埋留工作时间，即不同工种要配合好。板钢筋施工中的水电预埋如图 6-60 所示。

板钢筋间距一般要求均匀。板钢筋扎丝要满绑的，则应满绑。板钢筋搭接长度需要满足要求。过梁上板钢筋负筋应绑扎在梁上，以防偏位，并且应防止人员踩踏。板钢筋应排布顺直、观感质量好，板钢筋垫块设置应符合要求。

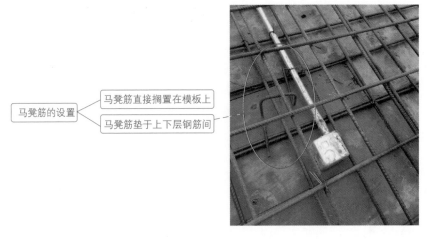

图 6-58　板钢筋马凳筋的设置

图 6-59　板钢筋起步筋的要求

图 6-60　板钢筋施工中的水电预埋

板钢筋的排布设置要求如图 6-61 所示。

图 6-61　板钢筋的排布设置要求

板钢筋保护层垫块实例如图 6-62 所示。

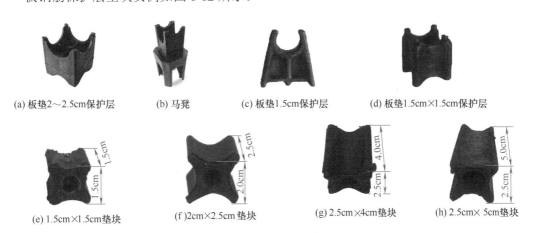

(a) 板垫2～2.5cm保护层　　(b) 马凳　　(c) 板垫1.5cm保护层　　(d) 板垫1.5cm×1.5cm保护层

(e) 1.5cm×1.5cm垫块　　(f)2cm×2.5cm垫块　　(g) 2.5cm×4cm垫块　　(h) 2.5cm× 5cm垫块

图 6-62　板钢筋保护层垫块实例

6.9.2 楼面、屋面板钢筋的施工与安装

楼面、屋面板钢筋施工与安装的一般要求与规范如下。

① 板底筋长度要够，端部要过梁中线，如图 6-63 所示。

② 板面负筋要到位、位置要合理、间距大小要均匀、绑扎要牢固，有些项目会有板负筋弯钩朝下等要求。准备安放的负筋如图 6-64 所示。通常屋面板负筋弯钩应朝下、负筋位置不得歪斜、间距大小要一致，绑扎要牢固。

板底筋长度要够，端部要过梁中线

图 6-63　板底筋　　　　　　　　　　　　图 6-64　准备安放的负筋

③ 负筋不得过细，马凳（筋）支垫要牢，并且应有可靠的保护措施，施工中不得任意踩踏。有双层钢筋的板（如图 6-65 所示），其面筋支垫要恰当，其局部或大部底筋、面筋不得重叠无间距。

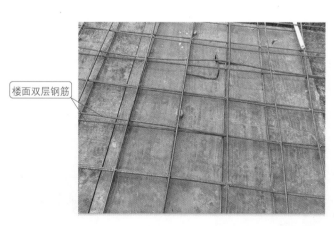

楼面双层钢筋

图 6-65　楼面双层钢筋

④ 板钢筋的绑扎要牢固，间距要均匀合理，摆放要顺直不混乱，底面筋支撑要到位，整体钢筋网要平整，如图 6-66 所示。

板钢筋的绑扎要牢固
间距要均匀，摆放顺
直不混乱

图 6-66　板钢筋的绑扎要求

⑤ 板筋在中间支座处，梁两侧板筋要分别过梁中线或钢筋连通安装。

⑥ 板面分布筋需要放置在板面受力钢筋或支座负筋下面。

⑦ 板上部钢筋与负筋需要每隔一定的间距使用钢筋支架托住。严禁在已成型的板面钢筋网上踩踏行走，如图 6-67 所示。

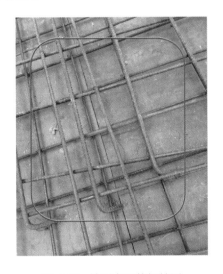

图 6-67　被踩变形的钢筋网

⑧ 板中受力钢筋的规格、数量、形状、尺寸、间距、锚固长度、接头位置等均要符合设计、规范等规定。

⑨ 楼面、屋面板钢筋绑扎要牢固，没有变形松脱等异常现象。

⑩ 楼面、屋面板钢筋表面要干净。

⑪ 楼面、屋面板钢筋弯钩朝向要正确。

⑫ 楼面卫生间板筋也要设马凳筋支撑，并且钢筋也要分布均匀、顺直。

⑬ 楼梯平台板底面钢筋靠墙两侧要锚固，面筋绑扎不得歪斜混乱，并且需要设马凳筋支撑。

⑭ 双向板中两个方向的受力钢筋，需要将承受弯矩较大方向的受力钢筋放置在受力较小的钢筋的外侧。

⑮ 为了保证安装质量，需要严格根据设计图纸、规定、规范进行绑扎与安装。板中受力钢筋的位置，一般是距梁边或墙边 50mm 开始放置。

⑯ 屋面板筋在屋脊与边梁部位的锚固长度，需要符合有关设计、规范等要求。

⑰ 悬挑板面筋位置要到位、紧贴底筋处要进行支垫。

⑱ 有板带梁时，需要先绑板带梁的钢筋，再摆放板钢筋。

6.10 墙柱钢筋的施工与安装

6.10.1 柱横截面复合箍筋的排布构造形式

柱横截面复合箍筋的排布形式如图 6-68 所示。

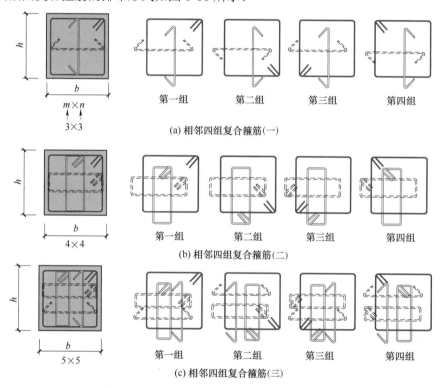

图 6-68 柱横截面复合箍筋的排布形式

① 图 6-68 中，m 为柱截面横向箍筋肢数，n 为柱截面竖向箍筋肢数。

② 图 6-68 为 $m=n$ 时柱截面箍筋的排布方案；当 $m \neq n$ 时，可根据图中所示排布规则确定柱截面横向、竖向箍筋的具体排布方案。图示单肢箍为紧靠箍筋并勾住纵筋，也可以同时勾住纵筋和箍筋。

③ 柱纵向钢筋、复合箍筋排布应遵循对称均匀原则，箍筋转角处应有纵向钢筋。

④ 柱横截面内部横向复合箍筋应紧靠外封闭箍筋一侧绑扎，竖向复合箍筋应紧靠外封闭箍筋另一侧绑扎。

⑤ 箍筋对纵筋应满足隔一拉一的要求。

⑥ 框架柱箍筋加密区内的箍筋肢距：一级抗震等级不宜大于 200mm；二级、三级抗震等级不宜大于 250mm 和 20 倍箍筋直径的较大值；四级抗震等级不宜大于 300mm。

⑦ 若在同一组内复合箍筋各肢位置不能满足对称性要求，钢筋绑扎时，沿柱竖向相邻两组箍筋位置应交错对称排布。柱封闭箍筋（外封闭大箍与内封闭小箍）弯钩位置应沿柱竖向按顺时针方向（或逆时针方向）顺序排布。

6.10.2　墙柱竖筋的施工与安装

柱钢筋的要求

墙柱竖筋施工与安装的一般要求与规范如下。

① 连系梁距暗柱边箍筋起步一般应为 50mm。

② 墙柱竖筋搭接要求如图 6-69 所示。墙柱竖筋搭接要求与实例如图 6-70 所示。

墙柱竖筋搭接要求
- 墙柱竖筋搭接长度满足设计及规范，搭接处保证有三根水平筋。绑扎范围不少于三个扣
- 墙柱立筋50%错开，其错开距离不小于相邻接头中心～中心1.3倍搭接长度
- 墙柱立筋搭接区加密

图 6-69　墙柱竖筋搭接要求

柱竖筋扎丝应满绑，主筋排布应均匀

墙体钢筋搭接长度一定要足够，搭接区段应跨三根钢筋

混凝土浇筑前应对钢筋进行保护，如果没有保护，则混凝土会粘在钢筋上。为此，需要采用钢刷子将钢筋上的混凝土刷干净。浇注混凝土前，对钢筋进行保护的措施有：塑料薄膜缠住钢筋，等浇注完成后，把塑料薄膜卸掉即可。或者采用PVC管保护钢筋，等浇注完成后，把PVC管保护卸掉即可

图 6-70　墙柱竖筋搭接要求与实例

③ 封顶时钢筋封边下料长度与锚固长度需要符合要求。钢筋绑扎完毕须进行隐蔽验收。

④ 墙、柱钢筋可以采用双 F 卡、定距框来定位，但是需要注意地下外墙与内墙的双 F 卡可能会存在差异。

⑤ 水平定距框控制墙柱立筋位置，可以通过内撑＋外顶来实现，如图 6-71 所示。

⑥ 柱（包括芯柱）纵筋采用搭接连接，且为抗震设计时，在柱纵筋搭接长度范围的箍筋均应根据≤ 5d（d 为柱纵筋较小直径）及≤ 100mm 间距的要求加密。柱纵筋搭接长度范围还应避开柱端的箍筋加密区。

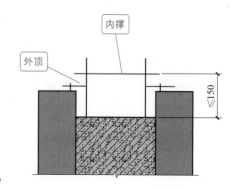

图 6-71　内撑＋外顶定墙柱立筋位置

⑦ 墙、柱钢筋可以采用成品塑胶内撑条垫块，纵横间距一般≤ 600mm。柱主筋垫块采用成品塑胶垫块，沿柱角部一般≤ 600mm 设置一个，墙体纵横间距一般≤ 600mm。其实，采用垫块就是确保钢筋绑扎完后的保护层厚度。常见墙柱钢筋保护层垫块如图 6-72 所示。

⑧ 预埋管用焊接固定时，焊接钢筋需要附加，不得点焊主筋。

(a) 柱垫5.0cm保护层　　(b) 柱垫2.5cm保护层　　(c) 柱垫1.5cm保护层

(d) 梁垫2.5cm保护层　　(e) 梁垫2cm保护层

(f) 3.5cm塑料梅花卡子　(g) 3cm塑料梅花卡子 (h) 2.5cm塑料梅花卡子　(i) 2cm 塑料梅花卡子　(j) 1.5cm塑料梅花卡子

图 6-72　常见墙柱钢筋保护层垫块

⑨ 柱竖向筋采用机械或焊接连接时，位于同一连接区段内的受拉钢筋接头面积百分率不宜超过 50%。当接头位置无法避开梁端、柱端箍筋加密区时，则应采用满足等强度要求的机械连接接头，并且钢筋接头面积百分率不宜超过 50%。

⑩ 墙柱钢筋绑扎完毕应吊垂直检查是否符合要求。检查垂直时，不能只依赖模板来吊

垂直，以免模板有偏差引起墙柱钢筋垂直偏差。

⑪ 钢筋绑扎完毕应进行隐蔽验收。

干货与提示

框柱加密区需要符合的一般要求如下。

（1）一层根部框柱加密区取层净高 1/3、柱长边尺寸、500mm 的最大值。

（2）地下室框柱加密区取层净高 1/6、柱长边尺寸、500mm 的最大值。

（3）中间层、顶部层框柱加密区取层净高 1/6、柱长边尺寸、500mm 的最大值。

6.10.3 墙、柱受力钢筋的施工与安装

墙、柱受力钢筋施工与安装的一般要求与规范如下。

① 墙、柱受力钢筋的大小、形状、尺寸、等级、锚固长度、数量、接头位置、下料长度等均要符合设计要求。

② 钢筋用料要全部正确，不得有用错钢筋的现象。

③ 固定钢筋的措施要可靠。

④ 基础预插钢筋不得歪斜、不得跑位。

⑤ 剪力墙端柱钢筋不得偏位，如果偏位，则需要处理正确。剪力墙钢筋偏位较严重时，处理方式要符合要求。

⑥ 剪力墙钢筋第一条水平筋离根部距离不得太大。

⑦ 剪力墙伸出楼面钢筋分布要均匀、长度要符合要求、定位要有效、相邻钢筋要相互错开。

⑧ 剪力墙受力钢筋间距不得混乱、大小需要一致，并且沿墙长方向不得偏位。

⑨ 剪力墙双排钢筋间应绑拉筋或支撑筋，其纵横间距一般不大于 600mm。

⑩ 剪力墙水平钢筋长度要够，一般要到柱端边缘。

⑪ 剪力墙水平筋在两端头、转角、十字节点、连梁等部位的锚固长度以及洞口周围的加固筋等，均需要符合抗震设计要求。

⑫ 浇筑混凝土时，固定钢筋被振动器或其他东西碰歪撞斜时，需要及时复位校正。如果墙、柱筋发生偏位，则应进行植筋处理，不能够简单地设置一条 "7" 字钩钢筋绑扎在根部即完事。

⑬ 墙、柱钢筋间距需要均匀，不得过大或过小，绑扎要竖直。

⑭ 墙、柱钢筋接头错开至少 500mm 且不小于 $35d$。

⑮ 墙、柱截面尺寸有变化时，主筋弯折要恰当，要符合要求。

⑯ 墙、柱竖向受力钢筋，相邻钢筋接头需要根据要求错开，并且错开距离要符合要求。

⑰ 墙、柱混凝土浇筑时，受力钢筋偏位需要及时复位，并符合要求。

⑱ 墙预插筋不得歪斜，不得偏离轴线。

⑲ 下层墙、柱伸出钢筋位置不得偏离设计要求过大，并且要与上层墙、柱钢筋搭接得上。

⑳ 下层伸出钢筋短于上层钢筋时，搭接位置应在下层。

㉑ 主受力钢筋直径大小配料要正确，不得漏筋。

㉒ 为了防止墙、柱主受力钢筋安装出现质量问题，需要采用一些措施，例如根据设计要求将墙、柱断面边框线标在各层楼面上（如图 6-73 所示），然后把墙、柱从下层伸上来的纵筋用两个箍筋或定位水平筋分别在本层楼面标高及以上 500mm 处与各纵筋点焊固定，以保证各纵向受力筋的位置。

将柱断面边框线标在各层楼面上

图 6-73　标注断面边框尺寸线

㉓ 基础部分墙、柱插筋，一般为短筋插接，且逐层接筋，并需要用使其插筋骨架不变形的定位箍筋点焊固定。当然，还可以采取加箍、加临时支撑等保证稳固的支顶措施。

㉔ 剪力墙水平钢筋的长度，需要根据设计图纸的要求下料。如果不够长，应及时拆除重做。

㉕ 柱与梁、柱与墙相交时，一般需要遵循"柱钢筋包住梁筋""柱钢筋包住墙钢筋"的原则进行。

㉖ 混凝土浇筑之前，需要做好钢筋的隐蔽验收工作，以确保钢筋安装的质量。

6.10.4　柱箍筋的绑扎

柱箍筋绑扎的技术要求如图 6-74 所示。箍筋设置的技术要求如图 6-75 所示。一般要求柱箍筋弯钩平直长度不小于 10d，并且不小于 75mm。

箍筋的制作需要符合要求，并且与柱的纵筋绑扎牢固可靠。

柱箍筋的接头应沿柱的立筋交错布置绑扎

柱箍筋与立筋要垂直

绑扣相互间应呈八字形

绑扣丝头应向里

图 6-74　柱箍筋绑扎的技术要求

安装柱箍筋时，应根据图纸要求的间距，计算确定好每根柱的箍筋数量。

具体安装箍筋时，可以先把箍筋套在下层伸出的搭接筋上，再立柱的钢筋。注意搭接长度内的绑扣不少于 3 个，并且绑扣要向柱中心。如果柱的主筋采用光圆钢筋搭接时，则角部弯钩需要与模板成 45°，中间钢筋的弯钩应与模板成 90°。

柱的主筋立起后，注意接头的搭接长度要符合设计要求。设计无要求时则可以参考表 6-6。

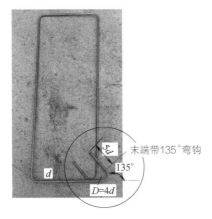

图 6-75 箍筋设置的技术要求

表 6-6 纵向受拉钢筋的最小搭接长度

钢筋类型	混凝土强度等级 C15	混凝土强度等级 C20～C25	混凝土强度等级 C30～C35	混凝土强度等级 ≥C40
HRB400 级、RRB400 级	—	55d	40d	35d
带肋钢筋 HRB335 级	55d	45d	35d	30d
光圆钢筋 HPB235 级	45d	35d	30d	25d

注：d 为钢筋直径。两根直径不同钢筋的搭接长度，以较细钢筋的直径来计算。

6.10.5 墙、柱钢筋的电渣压力焊

墙、柱钢筋的电渣压力焊焊接前，对钢筋端部歪扭、不直的部分应在焊接前矫正。没有矫正的端部歪扭钢筋不得焊接。为了保持上下钢筋顺直，两钢筋在夹具内上下需要同心，并且在同一条轴线上。焊接过程中应保持钢筋竖直、稳定。焊接钢筋下压时，压力不能过大，焊接完成后不能马上卸下夹具，需要在停焊后大约 2min 后再卸夹具，以免钢筋发生倾

斜现象。

焊接使用的焊剂在使用前需要烘干，以免形成气孔。焊剂一般需要经 250℃烘干，时间不少于 2 小时。焊接前，还需要把钢筋端部的铁锈、油污等清除干净。另外，焊接前还要把钢筋夹紧，以防止钢筋相互碰撞。

焊接钢筋时，控制好焊接电流、通电时间，准备工作完成后迅速把钢筋送焊，并适当加大顶压力。焊接时，还需要注意防止焊剂泄漏下流。

如果钢筋端头倾斜过大，则可能需要事先把钢筋倾斜的部分切去后才焊接，并且要求钢筋端面平整。

钢筋电渣压力焊的一般特点与要求如下。

① 钢筋表面不得烧伤，以免发生脆断。

② 钢筋接头的地方不得有小气孔眼。

③ 焊包要匀，有些项目焊包高度要求不小于 4mm。

④ 焊缝中不得夹渣。

⑤ 焊接接头的轴线偏移不得大于 0.1d 或不得超过 2mm。

⑥ 接头不得局部未熔合。

⑦ 接头不得咬边。

⑧ 接头弯折角度不得大于 4°。

⑨ 接头形成要良好，焊包不得出现上翻、下流、局部未熔合、接头偏包严重、接头成型不良、钢筋上下错位、接头上下钢筋弯折过大等异常现象。

⑩ 相邻焊接接头需要错开，并且错开距离要符合设计、规范要求（一般至少应为 35d，且不小于 500mm）。

6.11 洞口加强钢筋与后浇带钢筋

6.11.1 洞口加强钢筋的施工与安装

洞口加强钢筋施工与安装的一般要求如下。

① 剪力墙门、窗洞口四角的加强钢筋不得漏放，并且长度要够、位置要正确。

② 楼板面预留洞口四周一般需要放加强钢筋，并且放置的加强筋要符合要求。楼板面预留洞口内板底钢筋需要贯穿连通。也就是需要根据无洞情况配楼板底筋。

③ 预留洞口位置设置要合理，不得影响主受力钢筋的配置。

④ 预留洞口设置应符合要求，墙端柱主筋不得被切断或者被移位。

⑤ 剪力墙预留洞口钢筋处理要符合要求，主筋不得弯曲，水平筋、箍筋要到位。

⑥ 为了保证洞口加强钢筋的安装质量，按照设计图认真进行钢筋下料，做好相关交底，做好浇筑混凝土前的隐蔽验收。

6.11.2 后浇带钢筋的施工与安装

后浇带钢筋施工与安装的一般要求与规范如下。

① 后浇带处底面双层钢筋间距需符合要求，如图 6-76 所示。

② 后浇带底筋、面筋间用马凳筋或短钢筋焊牢支顶，同时止水钢板与钢筋间要连接牢固。

③ 后浇带钢筋绑扎不得混乱。

④ 后浇带钢筋不得局部漏设加强筋。

⑤ 后浇带钢筋上垃圾、杂物、泥、锈、旧混凝土需要去除，如图 6-77 所示。

图 6-76　双层钢筋间距需要符合要求　　　图 6-77　后浇带钢筋上的锈迹

⑥ 后浇带内梁内箍筋不得松脱、间距需要符合要求。

⑦ 后浇带内两侧的板筋和附加的加强钢筋，需要根据设计要求完全分开，间距要符合设计要求。加强钢筋需要绑扎牢固，以免混凝土浇筑时移位。

⑧ 后浇带钢筋在浇混凝土前，需要采取覆盖措施，以保护钢筋不受到污染与扰动。

⑨ 后浇带浇筑混凝土时，两侧的板筋需要整理复位，并且要清理干净钢筋上的污染物，然后逐条焊接，支顶好上下层钢筋位置。

⑩ 后浇带在浇筑混凝土前，需要重新对钢筋进行隐蔽验收。

⑪ 后浇带内止水钢板连接的地方应进行焊接处理，并且处理需要符合要求。

⑫ 为了保证安装质量，后浇带部位的钢筋要绑扎牢固，并且采取有效措施严防人员乱踩乱踏。

6.12　钢筋清洁清理与成品保护

6.12.1　浇筑混凝土前的清洁与清理

浇筑混凝土前，需要对其进行清洁清理，如图 6-78 所示。

6.12.2　钢筋的成品保护

梁、板钢筋安装完成后，可能由于人员在钢筋上任意踩踏、任意堆放材料等情况，导致上层面筋被踩塌、绑扎点松脱等异常现象。为此需要采取相关的保护措施，禁止随意踩踏绑扎好的钢筋。

钢筋绑扎好后，不准随意在上面踩踏行走，也不得在上面堆放其他材料，如图6-79所示。另外，浇筑混凝土时，需要派人专门负责监督、修理，以及保证有关弯筋位置的正确性。

墙、柱根部钢筋上混凝土前需要清理干净

图6-78　浇筑混凝土前的清洁清理

图6-79　钢筋上面堆放其他材料

钢筋完成后没有及时浇筑混凝土，则钢筋会因没有保护而被污染，尤其是后浇带钢筋，该现象更为突出。为此，后浇带钢筋需要加强钢筋的成品保护。

后浇带钢筋，可以采用模板遮住来保护（也可以是夹板、彩布条等覆盖保护），如图6-80所示。同时，注意止水钢板不得有局部变形松动等异常情况。

钢筋完成后，在钢筋上乱摆放东西，尤其是将混凝土泵管等重物直接压在钢筋上，会使钢筋局部被压塌。为此，泵管需要采用支架架起，以便有效保护钢筋与预埋件。如果钢筋绑扎好后等待浇筑混凝土的时间较长，则需要对钢筋进行覆盖保护。

木板覆盖保护

图6-80　后浇带钢筋的保护

如果钢筋被踩塌、被踩得混乱等异常情况发生，则应将钢筋重新整理、保护好，如图 6-81 所示。

另外，安装电线管、暖卫管线等有关设施时，也不得任意切断钢筋与移动钢筋。钢筋模板内落入垃圾、泥、水瓶等要及时清理。

图 6-81　布筋异常后应整理、保护好

第7章 钢筋的代换与质量验收

7.1 钢筋的代换

7.1.1 钢筋代换的一般规定

建筑工程等建设项目施工中使用的钢筋的级别、种类、直径等均需要根据设计等要求来采用。如果施工过程中，由于钢筋材料供应的困难等原因致使不能够完全满足设计对其级别、规格等要求的情况，为了保证工期等要求，可以对钢筋进行代换。但是，钢筋的代换是有原则规定的。

钢筋代换的一般规定如下。

① 不同种类钢筋的代换，需要根据钢筋受拉承载力设计值相等的原则来进行代换。

② 钢筋代换后，要满足强度、最小配筋率、钢筋间距、最小钢筋直径、钢筋根数、锚固长度等要求。

③ 构件受抗裂、裂缝宽度、裂缝挠度控制时，钢筋代换后需要进行相应的抗裂、裂缝宽度、裂缝挠度的验算。

④ 梁的纵向受力钢筋、弯起钢筋，应分别进行代换。

⑤ 重要受力构件，不宜采用 I 级光面钢筋代换变形钢筋。

⑥ 预制构件的吊环，必须采用未经冷拉的 I 级热轧钢筋制作，不得采用其他钢筋来代换。

⑦ 有抗震要求的框架，不宜以强度等级较高的钢筋代替原设计的钢筋。如果必须代换时，则其代换钢筋的抗拉强度实测值与屈服强度实测值的比值不小于 1.25，并且钢筋的屈服强度实测值与钢筋的强度标准值的比值，在二级抗震设计中不大于 1.4，在一级抗震设计中不应大于 1.25。

⑧ 施工操作人员不得擅自进行钢筋代换，需要经原设计单位、建设单位等进行设计变更代换。

7.1.2　代换的类型

7.1.2.1　等强代换

钢筋代换的常见方法如图 7-1 所示。其中，等强代换，就是构件受强度控制时，可以根据强度相等原则进行代换。

图 7-1　钢筋代换的常见方法

7.1.2.2　等面积代换

等面积代换，就是构件根据最小配筋率配筋或相同级别的钢筋之间代换时，钢筋可以根据面积相等原则来代换。

7.1.2.3　等弯矩代换

结构构件根据裂缝宽度、抗裂性要求控制时，钢筋的代换需要进行裂缝、抗裂性验算。钢筋代换后，有时由于受力钢筋直径加大或根数增多而需要增加排数，则构件截面的有效高度会减小，截面强度降低，这种情况需复核截面强度。

7.2　钢筋进场质量与验收

7.2.1　混凝土结构工程钢筋材料检验的主控项目

钢筋进场时，需要根据国家现行标准的规定抽取试件做屈服强度检验、抗拉强度检验、伸长率检验、弯曲性能检验、重量偏差检验，并且检验结果需要符合相应标准的规定。其检查数量与检验方法如图 7-2 所示。

钢筋重量偏差的计算公式为

$$\text{钢筋重量偏差} = \frac{\text{试样实际总重量} - （\text{试样总长度} - \text{理论重量}）}{\text{试样总长度} \times \text{理论重量}} \times 100\%$$

热轧带肋钢筋实际重量与理论重量的允许偏差见表 7-1。

表 7-1　热轧带肋钢筋实际重量与理论重量的允许偏差

公称直径 /mm	实际重量与理论重量的偏差 /%
6 ～ 12	±6
14 ～ 20	±5
22 ～ 50	±4

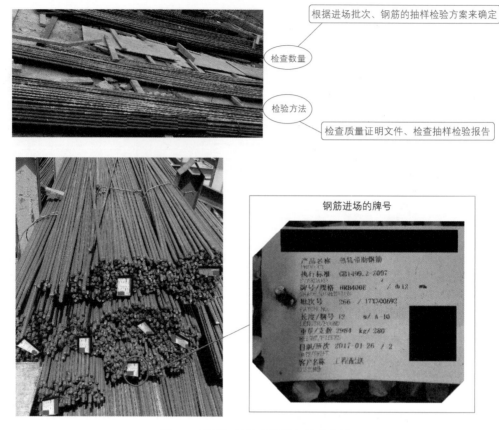

图 7-2　进场钢筋检查数量与检验方法

干货与提示

热轧带肋钢筋可以根据理论重量交货，也可以根据实际重量交货。根据理论重量交货时，理论重量为热轧带肋钢筋长度乘以热轧带肋钢筋的理论重量。热轧带肋钢筋通常根据定尺长度交货，具体交货长度一般会在合同等文件中注明。热轧带肋钢筋根据定尺交货时的长度允许偏差一般为$^{+50}_{0}$ mm。

热轧带肋钢筋，也可以盘卷交货。但是，需要注意：每盘应是一条钢筋，允许每批有5%的盘数（不足两盘时可有两盘）由两条钢筋组成。

热轧光圆钢筋实际重量与理论重量的允许偏差见表7-2。

表 7-2　热轧光圆钢筋实际重量与理论重量的允许偏差

公称直径 /mm	实际重量与理论重量的偏差 /%
6 ~ 12	±6
14 ~ 22	±5

冷拔光面钢筋直径的允许偏差要符合表 7-3 的规定。

热轧带肋钢筋的公称横截面面积与理论重量见表 4-16。热轧光圆钢筋的公称横截面面积与理论重量见表 4-18。

表 7-3　冷拔光面钢筋直径的允许偏差

钢筋公称直径（d）/mm	$\leqslant 5$	$5 < d < 10$	$\geqslant 10$
允许偏差 /mm	± 0.1	± 0.15	± 0.2

干货与提示

合格钢筋铭牌正确悬挂方式一般是用钢钉固定在钢筋上；不合格钢筋铭牌悬挂方式一般是用铁丝扎。可以用游标卡尺量测钢筋直径，可以用电子秤称钢筋实际重量进行检测。

成型钢筋进场时，需要抽取试件做屈服强度检验、抗拉强度检验、伸长率检验、重量偏差检验，检验结果需要符合国家现行相关标准的规定。由热轧钢筋制成的成型钢筋，当有施工单位或监理单位的代表驻厂监督生产过程，并提供原材钢筋力学性能第三方检验报告时，可以仅进行重量偏差检验。成型钢筋进场检查的检查数量与检验方法如图 7-3 所示。

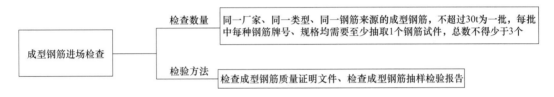

图 7-3　成型钢筋进场检查的检查数量与检验方法

根据一级、二级、三级抗震等级设计的框架、斜撑构件（含梯段）中的纵向受力普通钢筋，需要采用 HRB335E、HRB400E、HRB500E、HRBF335E、HRBF400E 或 HRBF500E 钢筋，其强度、最大应力下总伸长率的实测值需要符合以下要求。

①抗拉强度实测值与屈服强度实测值的比值不小于 1.25。
②屈服强度实测值与屈服强度标准值的比值不大于 1.3。
③最大拉应力下总伸长率不小于 9%。

框架、斜撑构件（含梯段）中的纵向受力普通钢筋进场检查的检查数量与检验方法如图 7-4 所示。

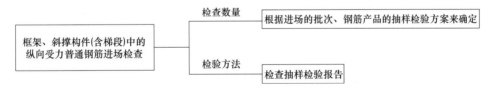

图 7-4　框架、斜撑构件（含梯段）中的纵向受力普通钢筋进场检查的检查数量与检验方法

7.2.2　混凝土结构工程钢筋材料的质量要求

进场钢筋原材料应全数进行检查，检查方法为观察法。
进场钢筋原材料的一般质量要求如下。
①钢筋应平直，不得有损伤。

② 钢筋表面不得有裂纹，不得有折叠，不得有结疤，不得有油污与其他影响使用的缺陷。钢筋一般项目检验图解如图 7-5 所示。

钢筋要平直、不得有损伤；钢筋表面不得有裂纹、不得有油污、不得有颗粒状、不得有片状老锈

图 7-5　钢筋一般项目检验图解

③ 钢筋表面可有浮锈，但是不得有锈皮、片状老锈、夹杂、结疤，不可有目视可见的麻坑等腐蚀现象。

④ 根据炉罐号、批次、直径分批验收进场钢筋，并且分类堆放整齐，以防混料。对钢筋其检验状态进行标识，以防混用。

⑤ 进场的每捆（盘）钢筋均要有标牌，应对进场钢筋的吊牌、质量证明、合格证、产地、数量、规格、使用部位、检验状态、标识人、试验编号、进场时间、钢筋直径等核查或者检查，相关内容填写要齐全清晰。钢筋直径的允许偏差见表 7-4。

表 7-4　钢筋直径的允许偏差

钢筋公称直径 /mm	钢筋内径 d	
	公称尺寸 /mm	允许偏差 /mm
6	5.8	±0.3
8	7.7	
10	9.6	±0.4
12	11.5	
14	13.4	
16	15.4	±0.4
18	17.3	
20	19.3	
22	21.3	±0.5
25	24.2	
28	27.2	
32	31.0	±0.6
36	35.0	

热轧光圆钢筋直径允许偏差和不圆度应符合表 7-5 的规定。

表 7-5　热轧光圆钢筋直径允许偏差和不圆度

公称直径 /mm	允许偏差 /mm	不圆度 /mm
6 8 10 12	±0.3	≤ 0.4
14 16 18 20 22	±0.4	

⑥ 进场的直筋应平直。进场直条热轧带肋钢筋的弯曲度，需要不影响正常使用，并且每米弯曲度不大于 4mm、总弯曲度不大于钢筋总长度的 0.4%。钢筋端部，一般要求剪切正直，局部变形不得影响使用。

⑦ 钢筋的码放应分规格放置，并且下设地垄以防钢筋雨季受潮，如图 7-6 所示。

⑧ 成型钢筋的外观质量、尺寸偏差，均需要符合国家现行相关标准的规定。成型钢筋实例如图 7-7 所示，检查数量和检验方法如图 7-8 所示。

图 7-6　钢筋的码放应分规格放置

图 7-7　成型钢筋实例

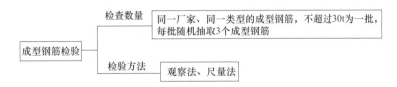

图 7-8　成型钢筋的检查数量和检验方法

⑨ 钢筋机械连接套筒、钢筋锚固板、预埋件等的外观质量，均需要符合国家现行相关标准的规定。钢筋机械连接套筒、钢筋锚固板、预埋件等的实例和检查数量、检验方法如图 7-9 和图 7-10 所示。

图 7-9　钢筋机械连接套筒

图 7-10　钢筋机械连接套筒、钢筋锚固板、预埋件等的检查数量和检验方法

⑩ 如果钢筋在加工使用中发现其焊接性能、机械性能不良，则需要进行必要的化学成分分析或者相关专项检验。也就是，主要查验出钢筋磷、硫、砷等有害成分的含量是否超过规定的要求。

⑪ 钢筋、成型钢筋进场检验，当满足下列条件之一时，其检验批容量可以扩大一倍。

条件一：获得认证的钢筋、成型钢筋。

条件二：同一厂家、同一牌号、同一规格的钢筋，连续三批均一次检验合格。

条件三：同一厂家、同一类型、同一钢筋来源的成型钢筋，连续三批均一次检验合格。

7.2.3　钢筋焊接网质量要求

钢筋焊接网一般质量要求如下。

① 钢筋焊接网表面不得有影响使用的缺陷，可以允许有毛刺、表面浮锈、因调直造成的钢筋表面轻微损伤，对因取样产生的钢筋局部空缺必须采用相应的钢筋补上。

② 钢筋焊接网交叉点开焊数量，不得超过整张焊接网交叉点总数的 1%，并且任一根钢筋上开焊点数不得超过该根钢筋上交叉点总数的 50%。

③ 钢筋焊接网最外边钢筋上的交叉点不得开焊。

④ 钢筋焊接网几何尺寸的允许偏差需要符合表 7-6 的规定，并且在一张焊接网中纵横向钢筋的根数需要符合设计要求。

表 7-6　钢筋焊接网几何尺寸的允许偏差需要符合的规定

项　目	允许偏差
对角线差 /%	±0.5
焊接网的长度、宽度 /mm	±25
网格的长度、宽度 /mm	±10

注：对角线差是指焊接网最外边两个对角焊点连线之差。

⑤ 冷轧带肋钢筋焊接网中钢筋表面形状、尺寸允许偏差需要符合现行国家标准《冷轧带肋钢筋》（GB 13788—2017）等有关规定。

⑥ 热轧带肋钢筋焊接网中钢筋表面形状、尺寸允许偏差需要符合现行国家标准《钢筋混凝土用钢　第 2 部分：热轧带肋钢筋》（GB 1499.2—2018）等有关规定。

⑦ 冷拔光面钢筋焊接网中钢筋直径的允许偏差需要符合表 7-7 的规定。

表 7-7　冷拔光面钢筋焊接网中钢筋直径的允许偏差

钢筋公称直径 d/mm	≤ 5	5 < d < 10	≥ 10
允许偏差 /mm	±0.1	±0.15	±0.2

7.3　钢筋工程的质量控制

钢筋工程的质量控制包括质量预控、过程控制、成品保护等。

7.3.1　钢筋工程施工的质量预控

质量预控主要审查钢筋工程施工组织设计、施工方案、交底，主要看其对现场钢筋施工有无指导性、可操作性，是否符合规范标准要求等。另外，质量预控就是对钢筋加工预检进行把关，对钢筋现场施工预控项目进行检查。对钢筋加工预检进行重点把关的项目如下。

① 钢筋保护层垫块的分类制作情况、码放情况、制作质量。

② 钢筋定距框的分类制作情况、码放情况、制作质量。

③ 钢筋马凳的分类制作情况、码放情况、制作质量。

④ 钢筋直螺纹的加工抽检情况。

⑤ 箍筋的弯钩要求、制作质量等。

钢筋工程施工质量的预控的具体项目包括：弹线的质量控制、施工缝的处理、污筋的处理、查偏纠偏、接头的质量控制、甩头的质量控制等。

对钢筋现场进行检查的施工预控项目常见的有弹线情况、施工缝的处理情况、污筋的处理情况、查偏纠偏、接头的质量控制、甩头的质量控制等，具体的一般要求如下。

（1）弹线的质量控制　没有弹好边线、轴线、控制线等情况发生时，不能继续进行绑扎钢筋等后续相关工作。弹好的线如图 7-11 所示。

（2）施工缝的处理要求　混凝土接茬面所有松散混凝土、浮浆、松散石子均要彻底剔除到露石子，并且接茬面没有清洁干净则不继续绑扎等后续工作，如图 7-12 所示。

图 7-11　弹好的线

图 7-12　施工缝的处理要求

（3）污筋的处理　所有钢筋上污染的水泥均需要清洁干净后才能绑扎，如图7-13所示。

（4）查偏纠偏　所有立筋确认其保护层大小没有偏位后才能绑扎。所有立筋保护层超标偏位的没有根据1∶6调整纠正的不绑扎。

（5）接头的质量控制　所有接头质量有一个不合格，则不进行绑扎钢筋等后续相关工作。接头要合格，如图7-14所示。

图7-13　钢筋清洁干净后才可绑扎

图7-14　合格的接头

（6）甩头的质量控制　所有受力筋甩头长度、抗震系数、接头百分比、错开距离、锚固长度、第一个接头位置不合格的不绑扎，如图7-15所示（甩头是留设后浇带或者分两次施工时钢筋的预留或预埋）。

7.3.2　钢筋工程施工质量的过程控制

钢筋工程施工质量过程控制的具体项目如下。
① 钢筋原材料的质量控制。
② 钢筋加工的质量控制。
③ 钢筋加工后的吊运和质量控制。
④ 钢筋连接的质量控制。
⑤ 钢筋定位措施的控制。
⑥ 钢筋安装的质量控制。
⑦ 钢筋的隐蔽验收。

图7-15　甩头符合有关要求规范

7.3.3　钢筋工程的成品保护

施工完成的钢筋工程应按要求做好成品保护。

7.4 钢筋工程的验收

7.4.1 混凝土结构工程的缺陷与检验

7.4.1.1 混凝土结构工程的缺陷

现浇结构外观质量的缺陷见表 7-8。根据其程度，混凝土结构施工质量中不符合规定要求的检验项或检验点，可以分为严重缺陷、一般缺陷。

（1）严重缺陷 严重缺陷就是对结构构件的受力性能，耐久性能或安装、使用功能有决定性影响的缺陷。

（2）一般缺陷 一般缺陷就是对结构构件的受力性能，耐久性能或安装、使用功能无决定性影响的缺陷。

表 7-8 现浇结构外观质量的缺陷

名称	现象	严重缺陷	一般缺陷
露筋	构件内钢筋未被混凝土包裹而外露	纵向受力钢筋有露筋	其他钢筋有少量露筋
蜂窝	混凝土表面缺少水泥砂浆而形成石子外露	构件主要受力部位有蜂窝	其他部位有少量蜂窝
孔洞	混凝土中孔穴深度和长度均超过保护层厚度	构件主要受力部位有孔洞	其他部位有少量孔洞
夹渣	混凝土中夹有杂物且深度超过保护层厚度	构件主要受力部位有夹渣	其他部位有少量夹渣
疏松	混凝土中局部不密实	构件主要受力部位有疏松	其他部位有少量疏松
裂缝	裂缝从混凝土表面延伸至混凝土内部	构件主要受力部位有影响结构性能或使用功能的裂缝	其他部位有少量不影响结构性能或使用功能的裂缝
连接部位缺陷	构件连接处混凝土有缺陷及连接钢筋、连接件松动	连接部位有影响结构传力性能的缺陷	连接部位有基本不影响结构传力性能的缺陷
外形缺陷	缺棱掉角、棱角不直、翘曲不平、飞边凸肋等	清水混凝土构件有影响使用功能或装饰效果的外形缺陷	其他混凝土构件有不影响使用功能的外形缺陷
外表缺陷	构件表面麻面、掉皮、起砂、沾污等	具有重要装饰效果的清水混凝土构件有外表缺陷	其他混凝土构件有不影响使用功能的外表缺陷

7.4.1.2 混凝土结构工程的检验与验收

检验就是对被检验项目的特征、性能进行量测、检查、试验等，并把结果与标准规定的要求进行比较，从而确定项目每项性能是否合格的活动。

对于量大的工程检验项目，需要进行抽样检验、分批检验等。检验批，就是根据相同的生产条件或规定的方式汇总起来供抽样检验用的、由一定数量样本组成的检验体。

检验验收的种类，有进场验收、结构性能检验、结构实体检验。

（1）进场验收 进场验收就是对进入施工现场的材料、构配件、器具、半成品等，根据相关标准的要求进行检验，并对其质量达到合格与否做出确认的过程。进场验收包括外观检查、质量证明文件检查、抽样检验等（检验验收中的质量证明文件，就是随同进场材料、构配件、器具、半成品等一同提供用于证明其质量状况的有效文件）。

（2）结构性能检验　结构性能检验就是针对结构构件的承载力、挠度、裂缝控制性能等各项指标所进行的检验。

（3）结构实体检验　结构实体检验就是在结构实体上抽取试样，在现场进行检验或送到有相应检测资质的检测机构进行的检验。

7.4.2　钢筋隐蔽工程验收的主要内容

混凝土结构工程中，浇筑混凝土前，需要对钢筋隐蔽工程进行验收。钢筋隐蔽工程验收的主要内容如图 7-16 所示。

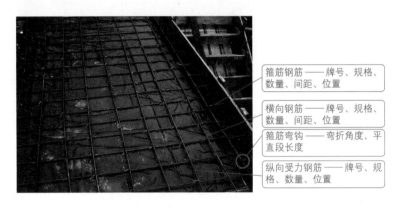

图 7-16　钢筋隐蔽工程验收的主要内容

钢筋工程一般项目的安装允许偏差见表 7-9。

表 7-9　钢筋工程一般项目的安装允许偏差

项目			允许偏差 /mm	检验方法
绑扎箍筋、横向钢筋间距			±20	钢尺量连续三挡，取最大值
钢筋弯起点位置			20	钢尺检查
预埋件	中心线位置		5	钢尺检查
	水平高差		+3，0	钢尺和塞尺检查
绑扎钢筋网	长、宽		±10	钢尺检查
	网眼尺寸		±20	钢尺量连续三挡，取最大值
绑扎钢筋骨架	长		±10	钢尺检查
	宽、高		±5	钢尺检查
受力钢筋	间距		±10	钢尺量两端、中间各一点取最大值
	排距		±5	
	保护层厚度	基础	±10	钢尺检查
		柱、梁	±5	钢尺检查
		板、墙	±3	钢尺检查

7.5　混凝土中钢筋的检测

7.5.1　混凝土中钢筋的检测方法

根据检测目的、项目特点、条件选择合适的检测方法（见表 7-10）。混凝土保护层检测位置，一般宜选择保护层要求较高的部位。检测所进行的钻孔、剔凿等不得损坏钢筋。混凝土保护层厚度的直接量测精度，一般不应低于 0.1mm。钢筋间距的直接量测精度，一般不应低于 1mm。进行混凝土保护层厚度检测时，检测部位应无饰面层，有饰面层时应清除；当进行钢筋间距检测时，检测部位宜选择无饰面层或饰面层影响较小的部位。

表 7-10　混凝土中钢筋检测方法的选择

检测法	检测项目
直接法	钢筋的保护层厚度、间距、直径、力学性能、锈蚀性状
取样称重法	钢筋的公称直径
半电池电位法	混凝土中钢筋的锈蚀性状
电阻率法	混凝土中钢筋是否容易锈蚀
电磁感应法	混凝土中钢筋的保护层厚度、间距
雷达法	混凝土中钢筋的保护层厚度、间距
磁测井法	基桩中钢筋笼的长度

混凝土中钢筋的检测方法见表 7-11。

表 7-11　混凝土中钢筋的检测方法

名称	具体方法
直接法	混凝土剔凿后，直接测量钢筋的间距、直径、力学性能、锈蚀性状、混凝土中钢筋保护层的厚度
取样称量法	混凝土剔凿后，截取部分钢筋，通过称量钢筋的重量，得出钢筋的直径
半电池电位法	通过检测钢筋表面上某一点的电位，并与铜 - 硫酸铜参考电极的电位作比较，以此来确定钢筋的锈蚀性状
混凝土电阻率法	通过测量混凝土电阻率来判别混凝土中的钢筋是否容易锈蚀
电磁感应法	用电磁感应原理检测混凝土中钢筋间距、混凝土保护层的厚度
雷达法	通过发射、接收到的毫微秒级电磁波来检测混凝土中钢筋间距、混凝土保护层的厚度
磁测井法	在桩中或桩侧成孔，通过测量井壁、周围介质的磁性参数来分析、判断钢筋笼的长度

7.5.2　混凝土保护层厚度与钢筋间距的检测

混凝土保护层厚度与钢筋间距检测的仪器性能要求如下。

（1）用于混凝土保护层厚度检测的仪器　当混凝土保护层厚度为 10 ～ 50mm 时，保护层厚度检测的允许偏差应为 ±1mm；当混凝土保护层厚度大于 50mm 时，保护层厚度检测

允许偏差应为 ±2mm。

（2）用于钢筋间距检测的仪器　当混凝土保护层厚度为 10～50mm 时，钢筋间距的检测允许偏差应为 ±2mm。

（3）电磁感应法钢筋探测仪　电磁感应法钢筋探测仪的校准有效期可为 1 年，发生下列情况之一时，需要对仪器进行校准。

① 检测数据异常，无法进行调整。

② 经过维修或更换主要零配件。

③ 新仪器启用前。

混凝土保护层厚度与钢筋间距检测方法的要点见表 7-12。

表 7-12　混凝土保护层厚度与钢筋间距检测方法的要点

名称	方法要点
直接法验证	以下情况之一时，应采用直接法进行验证。 （1）钢筋公称直径未知或有异议。 （2）钢筋实际根数、位置与设计有较大偏差。 （3）钢筋、混凝土材质与校准试件有显著的差异。 （4）认为相邻钢筋对检测结果有影响
电磁感应法	（1）电磁感应法钢筋探测仪，可以用于检测混凝土构件中混凝土保护层的厚度、钢筋的间距。 （2）检测前，需要根据设计资料了解钢筋的直径、钢筋的间距；需要避开钢筋接头、避开钢筋绑丝、避开钢筋金属预埋件；需要确定垂直于所检钢筋轴线方向为探测方向，确定检测部位的平整光洁；需要对仪器进行预热与调零；检测前需要进行预扫描等
雷达法	（1）雷达法宜用于结构或构件中钢筋间距、位置的大面积扫描检测以及多层钢筋的扫描检测。 （2）检测时，需要根据检测构件的钢筋位置选定合适的天线中心频率。 （3）检测时，需要根据检测构件中钢筋的排列方向，使雷达仪探头或天线沿垂直于选定的被测钢筋轴线的方向扫描采集数据。 （4）检测时，可以根据钢筋的反射回波在波幅及波形上的变化形成图像，来确定钢筋间距、钢筋位置、混凝土保护层的厚度检测值等

7.5.3　钢筋公称直径的检测

钢筋公称直径的检测，可以采用直接法或取样称量法。有下列情况之一时，应采用取样称量法进行检测：对钢筋直径有争议、仲裁性检测、缺失钢筋资料、委托方有要求等情况。

钢筋公称直径检测前，需要确定钢筋的位置。

采用取样称量法检测钢筋公称直径时，需要符合的一般规定如下。

① 钢筋表面晾干后，需要采用天平称重，精确到 1g。

② 截取长度不宜小于 500mm。

③ 调直钢筋，并且对端部进行打磨平整，测量钢筋长度，精确到 1mm。

④ 清除钢筋表面的混凝土，可以用 12%盐酸溶液进行酸洗，经清水漂净后，再用石灰水中和，然后用清水冲洗干净。

7.6　钢筋施工的常见通病与禁用瘦身钢筋

7.6.1　钢筋施工常见通病

钢筋施工的常见通病如下。

① 绑扣没有压入钢筋内侧，容易产生锈蚀。

② 封顶的柱头箍筋混乱。

③ 箍筋水泥保护层过大，柱底根部变小。

④ 箍筋水泥保护层过小，起不到保护作用。

⑤ 连梁箍筋安装错误。

⑥ 没有遵守钢筋的有关规范。

⑦ 受力钢筋与预埋钢筋没有连接，使得连接作用失去了意义。

⑧ 悬挑板上下钢筋水平、竖向位移过大。

⑨ 预埋受力钢筋光圆头端部没有弯钩。

⑩ 预埋受力钢筋弯折过大，使得受力性能大大降低。

⑪ 在浇筑混凝土时，甚至在安装时就把板负筋踩乱了。

⑫ 柱钢筋发生严重位移。

⑬ 柱箍筋堆得太高。

⑭ 柱箍筋没起到应有的作用。

⑮ 柱筋移位，也没有采用相应的补强筋。

7.6.2　严禁使用瘦身钢筋

瘦身钢筋就是指将正常钢筋拉长后再用于建设中，目的是减少建设成本。钢筋瘦身被拉长后原本延伸性会遭到破坏，钢筋也会变脆，因此，建设项目严禁使用瘦身钢筋。有的瘦身钢筋是用卷扬机拉长的，即在调直过程中，通过卷扬机对圆盘钢筋、盘螺钢筋进行张拉，从而人为地将钢筋调直、拉细、拉长。

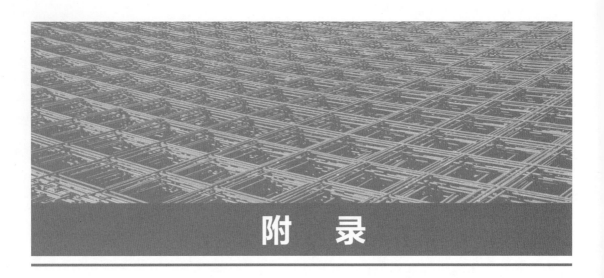

附 录

附录 1　钢筋数据速查

附表 1　定型钢筋焊接网的型号与参数

钢筋焊接网型号	横向钢筋			纵向钢筋			重量/（kg/m²）
	公称直径/mm	间距/mm	每延米面积/（mm²/m）	公称直径/mm	间距/mm	每延米面积/（mm²/m）	
A18	12		566	18		1273	14.43
A16	12		566	16		1006	12.34
A14	12		566	14		770	10.49
A12	12		566	12		566	8.88
A11	11		475	11		475	7.46
A10	10	200	393	10	200	393	6.16
A9	9		318	9		318	4.99
A8	8		252	8		252	3.95
A7	7		193	7		193	3.02
A6	6		142	6		142	2.22
A5	5		98	5		98	1.54
B18	12		566	18		2545	24.42
B16	10		393	16		2011	18.89
B14	10		393	14		1539	15.19
B12	8		252	12		1131	10.90
B11	8		252	11		950	9.43
B10	8	200	252	10	100	785	8.14
B9	8		252	9		635	6.97
B8	8		252	8		503	5.93
B7	7		193	7		385	4.53
B6	7		193	6		283	3.73
B5	7		193	5		196	3.05

续表

钢筋焊接网型号	横向钢筋			纵向钢筋			重量 /（kg/m²）
	公称直径 /mm	间距 /mm	每延米面积 /（mm²/m）	公称直径 /mm	间距 /mm	每延米面积 /（mm²/m）	
C18	12	200	566	18	150	1697	17.77
C16	12		566	16		1341	14.98
C14	12		566	14		1027	12.51
C12	12		566	12		754	10.36
C11	11		475	11		634	8.70
C10	10		393	10		523	7.19
C9	9		318	9		423	5.82
C8	8		252	8		335	4.61
C7	7		193	7		257	3.53
C6	6		142	6		189	2.60
C5	5		98	5		131	1.80
D18	12	100	1131	18	100	2545	28.86
D16	12		1131	16		2011	24.68
D14	12		1131	14		1539	20.98
D12	12		1131	12		1131	17.75
D11	11		950	11		950	14.92
D10	10		785	10		785	12.33
D9	9		635	9		635	9.98
D8	8		503	8		503	7.90
D7	7		385	7		385	6.04
D6	6		283	6		283	4.44
D5	5		196	5		196	3.08
E18	12	150	1131	18	150	1697	19.25
E16	12		754	16		1341	16.46
E14	12		754	14		1027	13.99
E12	12		754	12		754	11.84
E11	11		634	11		634	9.95
E10	10		523	10		523	8.22
E9	9		423	9		423	6.66
E8	8		335	8		335	5.26
E7	7		257	7		257	4.03
E6	6		189	6		189	2.96
E5	5		131	5		131	2.05

续表

钢筋焊接网型号	横向钢筋			纵向钢筋			重量/（kg/m²）
	公称直径/mm	间距/mm	每延米面积/（mm²/m）	公称直径/mm	间距/mm	每延米面积/（mm²/m）	
F18	12		754	18		2545	25.90
F16	12		754	16		2011	21.70
F14	12		754	14		1539	18.0
F12	12		754	12		1131	14.80
F11	11		634	11		950	12.43
F10	10	150	523	10	100	785	10.28
F9	9		423	9		635	8.32
F8	8		335	8		503	6.58
F7	7		257	7		385	5.03
F6	6		189	6		283	3.70
F5	5		131	5		196	2.57

注：公称直径 14mm、16mm、18mm 的钢筋仅为热轧带肋钢筋。本表中焊接网的重量（kg/m²），是根据纵向、横向钢筋按表中的间距均匀布置时计算的理论重量，未考虑焊接网端部钢筋伸出长度的影响。

附表 2　桥面用标准钢筋焊接网型号与参数

网片编号	网片型号		网片尺寸		伸出长度				单片钢网		
	直径/mm	间距/mm	纵向/mm	横向/mm	纵向钢筋		横向钢筋		纵向钢筋根数/根	横向钢筋根数/根	参考重量/kg
					u_1/mm	u_2/mm	u_3/mm	u_4/mm			
QW-1	7	100	10250	2250	50	300	50	300	20	100	129.9
QW-2	8	100	10300	2300	50	350	50	350	20	100	172.2
QW-3	9	100	10350	2250	50	400	50	400	19	100	210.4
QW-4	10	100	10350	2250	50	400	50	400	19	100	260.2
QW-5	11	100	10400	2250	50	450	50	450	19	100	319.0

注：u_1、u_2、u_3、u_4 为伸出长度。

附表 3　桥面带肋钢筋焊接网常用规格与参数

荷载等级	铺装层类型	钢筋间距/mm	钢筋直径/mm	理论重量/（kg/m²）
城 - B 级 公路 - Ⅱ 级	沥青面层下整平层	150×150	6～8	2.96～5.26
	水泥混凝土桥面	100×100	10	12.33
城 - A 级 公路 - Ⅰ 级	沥青面层下整平层	150×150	8～10	5.26～8.22
	水泥混凝土桥面	100×100	10	12.33

注：整平层厚度大于 100mm 时，焊接网钢筋直径选用较大值；焊接网中纵筋位置应在上面。

附表4 普通水泥混凝土路面钢筋焊接网常用规格与参数

路面厚度 /mm	钢筋间距 /mm	带肋钢筋直径 /mm	理论重量 / (kg/m²)
≤ 240	150×150	6	2.96
> 240	150×150	8	5.26

附表5 连续配筋水泥混凝土路面钢筋焊接网常用规格与参数

路面厚度 /mm	配筋率 /%	横向带肋钢筋		纵向带肋钢筋	
		直径 /mm	间距 /mm	直径 /mm	间距 /mm
200	0.5	12	500	14	150
	0.6	12	500	14	130
	0.7	12	500	14	110
220	0.5	12	500	14	140
	0.6	12	500	14	120
	0.7	12	500	14	100
240	0.5	14	500	16	160
	0.6	14	500	16	140
	0.7	14	500	16	120
260	0.5	14	500	16	150
	0.6	14	500	16	130
	0.7	14	500	16	110

注：在保证配筋率与合理间距的情况下，钢筋直径可做等面积代换。

附表6 建筑用标准钢筋焊接网型号与参数

网片编号	网片型号		网片尺寸		伸出长度				单片钢网		
	直径 /mm	间距 /mm	纵向 /mm	横向 /mm	纵向钢筋		横向钢筋		纵向钢筋根数 / 根	横向钢筋根数 / 根	参考重量 /kg
					u_1/mm	u_2/mm	u_3/mm	u_4/mm			
JW-1a	6	150	6000	2300	75	75	25	25	16	40	41.7
JW-1b	6	150	5950	2350	25	375	25	375	14	38	38.3
JW-2a	7	150	6000	2300	75	75	25	25	16	40	56.8
JW-2b	7	150	5950	2350	25	375	25	375	14	38	52.1
JW-3a	8	150	6000	2300	75	75	25	25	16	40	74.3
JW-3b	8	150	5950	2350	25	375	25	375	14	38	68.2
JW-4a	9	150	6000	2300	75	75	25	25	16	40	93.8
JW-4b	9	150	5950	2350	25	375	25	375	14	38	86.1
JW-5a	10	150	6000	2300	75	75	25	25	16	40	116.0
JW-5b	10	150	5950	2350	25	375	25	375	14	38	106.5
JW-6a	12	150	6000	2300	75	75	25	25	16	40	166.9
JW-6b	12	150	5950	2350	25	375	25	375	14	38	153.3

注：u_1、u_2、u_3、u_4 为伸出长度。

附表 7　受拉钢筋的锚固长度

受拉钢筋锚固长度，分为受拉钢筋基本锚固长度（L_a）与受拉钢筋抗震锚固长度（L_{aE}），分别见附表 7（a）和附表 7（b）。

附表 7（a）受拉钢筋锚固长度 L_a

钢筋种类	C20	C25		C30		C35		C40		C45		C50		C55		≥C60	
	混凝土强度等级																
	d≤25	d≤25	d>25	d≤25	d>25	d≤25	d>25	d≤25	d>25	d≤25	d>25	d≤25	d>25	d≤25	d>25	d≤25	d>25
HRB500、HRBF500	—	48d	53d	43d	47d	39d	43d	36d	40d	34d	37d	32d	35d	31d	34d	30d	30d
HRB400、HRBF400、RRB400	—	40d	44d	35d	39d	32d	35d	29d	32d	28d	31d	27d	30d	26d	29d	25d	28d
HRB335、HRBF335	38d	33d	—	29d	—	27d	—	25d	—	23d	—	22d	—	21d	—	21d	—
HPB300	39d	34d	—	30d	—	28d	—	25d	—	24d	—	23d	—	22d	—	21d	—

注：1. 当为环氧树脂涂层带肋钢筋时，表中数据尚应乘以 1.25。

2. 当纵向受拉钢筋在施工过程中易受扰动时，表中数据尚应乘以 1.1。

3. 当锚固长度范围内纵向受力钢筋周边保护层厚度为 3d、5d（d 为锚固钢筋的直径，单位为 mm）时，表中数据可分别乘以 0.8、0.7；中间时按内插值。

4. 当纵向受拉普通钢筋锚固长度修正系数（注 1～注 3）多于一项时，可按连乘计算。

5. 四级抗震时，$L_{aE}=L_a$。

6. 当锚固钢筋的保护层厚度不大于 5d 时，锚固钢筋长度范围内应设置横向构造钢筋，其直径不应小于 d/4（d 为锚固钢筋的最大直径；对梁、柱等构件间距不应大于 5d，对板、墙等构件间距不应大于 10d，且均不应大于 100mm（d 为锚固钢筋的最小直径）。

7. 受拉钢筋的锚固长度 L_a、L_{aE} 计算值不应小于 200mm。

附表7（b） 受拉钢筋抗震锚固长度 L_{aE}

钢筋种类及抗震等级		C20	C25		C30		C35		C40		C45		C50		C55		≥ C60	
		$d \le 25$	$d \le 25$	$d > 25$	$d \le 25$	$d > 25$	$d \le 25$	$d > 25$	$d \le 25$	$d > 25$	$d \le 25$	$d > 25$	$d \le 25$	$d > 25$	$d \le 25$	$d > 25$	$d \le 25$	$d > 25$
HRB500 HRBF500	一级、二级	—	55d	61d	49d	54d	45d	49d	41d	46d	39d	43d	37d	40d	36d	39d	35d	38d
	三级	—	50d	56d	45d	49d	41d	45d	38d	42d	36d	39d	34d	37d	33d	36d	32d	35d
HRB400 HRBF400	一级、二级	—	46d	51d	40d	45d	37d	40d	33d	37d	32d	36d	31d	35d	30d	33d	29d	32d
	三级	—	42d	46d	37d	41d	34d	37d	30d	34d	29d	33d	28d	32d	27d	30d	26d	29d
HRB335 HRBF335	一级、二级	44d	38d	—	33d	—	31d	—	29d	—	26d	—	25d	—	24d	—	24d	—
	三级	40d	35d	—	30d	—	28d	—	26d	—	24d	—	23d	—	22d	—	22d	—
HPB300	一级、二级	45d	39d	—	35d	—	32d	—	29d	—	28d	—	26d	—	25d	—	24d	—
	三级	41d	36d	—	32d	—	29d	—	26d	—	25d	—	24d	—	23d	—	22d	—

混凝土强度等级

注：1. 当为环氧树脂涂层带肋钢筋时，表中数据尚应乘以1.25。

2. 当受拉钢筋在施工过程中易受扰动时，表中数据尚应乘以1.1。

3. 当锚固长度范围内纵向受力钢筋周边保护层厚度为3d、5d（d为锚固钢筋的直径，单位为mm）时，表中数据可分别乘以0.8、0.7；中间时按内插值。

4. 当纵向受拉普通钢筋锚固长度修正系数（注1～注3）多于一项时，可按连乘计算。

5. 四级抗震时，$L_{aE}=L_a$。

6. 当锚固钢筋的保护层厚度不大于5d时，锚固钢筋长度范围内应设置横向构造钢筋，其直径不应小于d/4（d为锚固钢筋的最大直径；对梁、柱等构件间距不应大于5d，对板、墙等构件间距不应大于10d，且均不应大于100mm（d为锚固钢筋的最小直径）。

7. 受拉钢筋的锚固长度 L_a、L_{aE} 计算值不应小于200mm。

附表 8　纵向受拉钢筋的搭接长度

混凝土强度等级

钢筋种类及同一区段内	搭接钢筋面积百分率	C20	C25		C30		C35		C40		C45		C50		C55		C60	
		d≤25 mm	d≤25 mm	d>25 mm	d≤25 mm	d>25 mm	d≤25 mm	d>25 mm	d≤25 mm	d>25 mm	d≤25 mm	d>25 mm	d≤25 mm	d>25 mm	d≤25 mm	d>25 mm	d≤25 mm	d>25 mm
HRB500 HRBF500	≤25%	—	58d	64d	52d	56d	47d	52d	43d	48d	41d	44d	38d	42d	37d	41d	36d	40d
	50%	—	67d	74d	60d	66d	55d	60d	50d	56d	48d	52d	45d	49d	43d	48d	42d	46d
	100%	—	77d	85d	69d	75d	62d	69d	58d	64d	54d	59d	51d	56d	50d	54d	48d	53d
HRB400 HRBF400 RRB400	≤25%	—	48d	53d	42d	47d	38d	42d	35d	38d	34d	37d	32d	36d	31d	35d	30d	34d
	50%	—	56d	62d	49d	55d	45d	49d	41d	45d	39d	43d	38d	42d	36d	41d	35d	39d
	100%	—	64d	70d	56d	62d	51d	56d	46d	51d	45d	50d	43d	48d	42d	46d	40d	45d
HRB335 HRBF335	≤25%	46d	40d	—	35d	—	32d	—	30d	—	28d	—	26d	—	25d	—	25d	—
	50%	53d	46d	—	41d	—	38d	—	35d	—	32d	—	31d	—	29d	—	29d	—
	100%	61d	53d	—	46d	—	43d	—	40d	—	37d	—	35d	—	34d	—	34d	—
HPB300	≤25%	47d	41d	—	36d	—	34d	—	30d	—	29d	—	28d	—	26d	—	25d	—
	50%	55d	48d	—	42d	—	39d	—	35d	—	34d	—	32d	—	31d	—	29d	—
	100%	62d	54d	—	48d	—	45d	—	40d	—	38d	—	37d	—	35d	—	34d	—

注：1. 表中数值为纵向受拉钢筋绑扎搭接接头的搭接长度。

2. 两根不同直径钢筋搭接时，表中 d 取较细钢筋直径，单位为 mm。

3. 当为环氧树脂涂层带肋钢筋时，表中数据尚应乘以 1.25。

4. 当纵向受拉钢筋在施工过程中易受扰动时，表中数据尚应乘以 1.1。

5. 当搭接长度范围内纵向受力钢筋周边保护层厚度为 $3d$、$5d$（d 为搭接钢筋的直径，单位为 mm）时，表中数据尚可分别乘以 0.8、0.7；中间时按内插值。

6. 上述修正系数（注 3～注 5）多于一项时，可按连乘计算。

7. 任何情况下，搭接长度不应小于 300mm。

附表 9 纵向受拉钢筋的抗震搭接长度

钢筋种类及同一区段内搭接钢筋面积百分率		混凝土强度等级																
		C20	C25		C30		C35		C40		C45		C50		C55		C60	
		d≤25	d≤25	d>25	d≤25	d>25	d≤25	d>25	d≤25	d>25	d≤25	d>25	d≤25	d>25	d≤25	d>25	d≤25	d>25
三级抗震等级 HPB300	≤25%	49d	43d	—	38d	—	35d	—	31d	—	30d	—	29d	—	28d	—	26d	—
	50%	57d	50d	—	45d	—	41d	—	36d	—	35d	—	34d	—	32d	—	31d	—
HRB335 HRBF335	≤25%	48d	42d	—	36d	—	34d	—	31d	—	29d	—	28d	—	26d	—	26d	—
	50%	56d	49d	—	42d	—	39d	—	36d	—	34d	—	32d	—	31d	—	31d	—
HRB400 HRBF400	≤25%	—	50d	55d	44d	49d	41d	44d	36d	41d	35d	40d	34d	38d	32d	36d	31d	35d
	50%	—	59d	64d	52d	57d	48d	52d	42d	48d	41d	46d	39d	45d	38d	42d	36d	41d
HRB500 HRBF500	≤25%	—	60d	67d	54d	59d	49d	54d	46d	50d	43d	47d	41d	44d	40d	43d	38d	42d
	50%	—	70d	78d	63d	69d	57d	63d	53d	59d	50d	55d	48d	52d	46d	50d	45d	49d
一级、二级抗震等级 HPB300	≤25%	54d	47d	—	42d	—	38d	—	35d	—	34d	—	31d	—	30d	—	29d	—
	50%	63d	55d	—	49d	—	45d	—	41d	—	39d	—	36d	—	35d	—	34d	—
HRB335 HRBF335	≤25%	53d	46d	—	40d	—	37d	—	35d	—	31d	—	30d	—	29d	—	29d	—
	50%	62d	53d	—	46d	—	43d	—	41d	—	36d	—	35d	—	34d	—	34d	—
HRB400 HRBF400	≤25%	—	55d	61d	48d	54d	44d	48d	40d	44d	38d	43d	37d	42d	36d	40d	35d	38d
	50%	—	64d	71d	56d	63d	52d	56d	46d	52d	45d	50d	43d	49d	42d	46d	41d	45d
HRB500 HRBF500	≤25%	—	66d	73d	59d	65d	54d	59d	49d	55d	47d	52d	44d	48d	43d	47d	42d	46d
	50%	—	77d	85d	69d	76d	63d	69d	57d	64d	55d	60d	52d	56d	50d	55d	49d	53d

注:1. 表中数值为纵向受拉钢筋绑扎搭接接头的搭接长度。

2. 两根不同直径钢筋搭接时,表中 d 取较细钢筋直径,单位为 mm。

3. 当为环氧树脂带肋钢筋时,表中数据尚应乘以 1.25。

4. 当纵向受拉钢筋在施工过程中易受扰动时,表中数据尚应乘以 1.1。

5. 当搭接长度范围内纵向受力钢筋周边保护层厚度为 3d、5d(d 为搭接钢筋的直径)时,表中数据可分别乘以 0.8、0.7;中间时按内插值。

6. 当上述修正系数(注 3~注 5)多于一项时,可按连乘计算。

7. 任何情况下,搭接长度不应小于 300mm。

（学钢筋识图、翻样、计算及施工安装超简单（附视频））

附表 10　抗震框架柱和小墙肢箍筋加密区的高度

柱净高 H_n/mm	柱截面长边尺寸 h_c 或圆柱直径 D/mm																		
	400	450	500	550	600	650	700	750	800	850	900	950	1000	1050	1100	1150	1200	1250	1300
1500																			
1800	500																		
2100	500	500	500																
2400	500	500	500	550															
2700	500	500	500	550	600	650													
3000	500	500	500	550	600	650	700												
3300	550	550	550	550	600	650	700	750	800										
3600	600	600	600	600	600	650	700	750	800	850									
3900	650	650	650	650	650	650	700	750	800	850	900	950							
4200	700	700	700	700	700	700	700	750	800	850	900	950	1000						
4500	750	750	750	750	750	750	750	750	800	850	900	950	1000	1050	1100				
4800	800	800	800	800	800	800	800	800	800	850	900	950	1000	1050	1100	1150			
5100	850	850	850	850	850	850	850	850	850	850	900	950	1000	1050	1100	1150	1200	1250	
5400	900	900	900	900	900	900	900	900	900	900	900	950	1000	1050	1100	1150	1200	1250	1300
5700	950	950	950	950	950	950	950	950	950	950	950	950	1000	1050	1100	1150	1200	1250	1300
6000	1000	1000	1000	1000	1000	1000	1000	1000	1000	1000	1000	1000	1000	1050	1100	1150	1200	1250	1300
6300	1050	1050	1050	1050	1050	1050	1050	1050	1050	1050	1050	1050	1050	1050	1100	1150	1200	1250	1300
6600	1100	1100	1100	1100	1100	1100	1100	1100	1100	1100	1100	1100	1100	1100	1100	1150	1200	1250	1300
6900	1150	1150	1150	1150	1150	1150	1150	1150	1150	1150	1150	1150	1150	1150	1150	1150	1200	1250	1300
7200	1200	1200	1200	1200	1200	1200	1200	1200	1200	1200	1200	1200	1200	1200	1200	1200	1200	1250	1300

（表中空白区域为"箍筋全高加密"。）

注：1. 表内数值未包括框架嵌固部位柱根部位形成的柱根部箍筋加密区范围。

2. 柱净高（包括因嵌砌填充墙等形成的柱净高）与柱截面长边尺寸（圆柱为截面直径）的比值 $H_n/h_c \leqslant 4$ 时，箍筋沿柱全高加密。

3. 小墙肢即墙肢长度不大于 4 倍墙厚的剪力墙。矩形小墙肢的厚度不大于 300mm 时，箍筋全高加密。

附录 2 随书附赠视频汇总

书中相关视频汇总

建筑的类型	建筑结构的类型与构件	止水	混凝土结构
钢筋混凝土结构的楼盖结构	梁	柱	墙
楼梯	钢筋的分类	常见钢筋的特性	板受力筋、负筋与分布筋的判断
热轧带肋钢筋的分类和牌号	成型钢筋基础知识	马凳	普通钢筋的一般表示方法
钢筋焊接接头的表示方法	钢筋画法的基本要求	钢筋在平面中的表示要求	箍筋常见形式
钢筋的弯钩形式	钢筋切割与下料的基础知识	钢筋加工形状	常见钢筋的加工机械与工具
钢筋机械连接接头的加工与安装	钢筋的绑扎搭接基础知识	钢筋安装常识	钢筋间距

钢筋施工要点与顺序	钢筋绑扎常用的绑扣形式	钢筋八字扣绑扎形式	水泥砂浆垫块
柱钢筋保护层	柱箍筋间距	箍筋弯钩	柱箍筋的施工与安装
梁柱节点的锚固	柱钢筋的要求		

本书拓展视频汇总

扎丝对折	兜扣缠绑扣形式	顺口绑扎	带弯钩的钢筋搭接
带直钩的钢筋搭接	两端135°弯钩箍筋	钢筋混凝土模板支撑架	钢筋混凝土的浇筑与保养
混凝土的凿毛与除锈			

参 考 文 献

［1］ GB 50204—2015.混凝土结构工程施工质量验收规范.

［2］ GB/T 13788—2017.冷轧带肋钢筋.

［3］ GB/T 1499.2—2018.钢筋混凝土用钢 第2部分：热轧带肋钢筋.

［4］ GB/T 2101—2017.型钢验收、包装、标志及质量证明书的一般规定.

［5］ GB/T 1499.3—2010.钢筋焊接网.

［6］ 全国民用建筑工程设计技术措施（2009年版）.建质［2009］124号.

［7］ GB 50009—2012.建筑结构荷载规范.

［8］ GB/T 50083—2014.工程结构设计基本术语标准.

［9］ JGJ 107—2016.钢筋机械连接技术规程.

［10］ JGJ/T 152—2019.混凝土中钢筋检测技术标准.

［11］ GB/T 50105—2010.建筑结构制图标准.

［12］ JGJ 3—2010.高层建筑混凝土结构技术规程.

［13］ JGJ 1—2014.装配式混凝土结构技术规程.

［14］ JGJ 95—2011.冷轧带肋钢筋混凝土结构技术规程.

［15］ 18G901-1.混凝土结构施工钢筋排布规则与构造详图 现浇混凝土框架 剪力墙 梁 板.

［16］ 16G101-1.平面整体表示方法制图规则和构造详图.

［17］ JG/T 226—2008.混凝土结构用成型钢筋.

［18］ GB/T 29733—2013.混凝土结构用成型钢筋制品.

［19］ GB/T 39041—2020.钢筋混凝土用碳素钢-纤维增强复合材料复合钢筋.

［20］ JG/T 161—2016.无粘结预应力钢绞线.

［21］ GB/T 20065—2016.预应力混凝土用螺纹钢筋.

［22］ JG/T 369—2012.缓粘结预应力钢绞线.